21 世纪本科院校土木建筑类创新型应用人才培养规划教材

室内设计原理

主　编　冯　柯
副主编　黄东海　韩静雳　关　鹰
参　编　郭笑梅　乔文黎　张媛媛

内 容 简 介

"室内设计原理"是高等院校建筑学专业和环境艺术设计专业的一门必修课程。本书根据全国高等学校建筑学学科专业指导委员会颁布的专业培养目标，结合编者的自身教学实践编写而成，以介绍室内设计的基础知识和基本原理为主，同时将科学发展观与艺术设计和谐理论融入其中。本书内容讲述科学、系统，具有普遍实用性和时代性，便于教师教学和学生学习。

本书适合作为高等院校建筑学专业和环境艺术设计专业本科生的教材，也可作为建筑设计院和室内设计公司从业设计人员的参考资料。

图书在版编目（CIP）数据

室内设计原理/冯柯主编．—北京：北京大学出版社，2010.10
（21世纪本科院校土木建筑类创新型应用人才培养规划教材）
ISBN 978-7-301-17934-5

Ⅰ．①室… Ⅱ．①冯… Ⅲ．①室内设计—理论—高等学校—教材 Ⅳ．①TU238

中国版本图书馆 CIP 数据核字（2010）第 200649 号

书　　　名：	室内设计原理
著作责任者：	冯　柯　主编
策划编辑：	吴　迪
责任编辑：	蔡华兵
标准书号：	ISBN 978-7-301-17934-5/TU・0142
出　版　者：	北京大学出版社
地　　　址：	北京市海淀区成府路 205 号　100871
网　　　址：	http://www.pup.cn　http://www.pup6.com
电　　　话：	邮购部 010-62752015　发行部 010-62750672　编辑部 010-62750667
电子邮箱：	pup_6@163.com
印　刷　者：	北京虎彩文化传播有限公司
发　行　者：	北京大学出版社
经　销　者：	新华书店
	787 毫米×1092 毫米　16 开本　13 印张　297 千字
	2010 年 10 月第 1 版　2021 年 1 月第 9 次印刷
定　　　价：	36.00 元

未经许可，不得以任何方式复制或抄袭本书之部分或全部内容。
版权所有，侵权必究　　举报电话：010-62752024
　　　　　　　　　　　　电子邮箱：fd@pup.pku.edu.cn

前　　言

改革开放以来，我国建筑装饰业迅猛发展，室内设计行业方兴未艾。在精神文明和物质文明不断向前发展的今天，人们生活水平不断提高，对美的要求日益提高，这就更加要求室内设计人员通过恰当运用室内设计这一融科学和艺术于一体的学科，来提高人们的生活质量，展示现代文明的新成果。

为了向建筑学、室内设计、环境艺术设计等相关专业的学生和对室内设计感兴趣的人士系统地介绍室内设计的知识，编者根据全国高等学校建筑学学科专业指导委员会颁布的专业培养目标，结合自身教学实践，在参阅兄弟院校编写的相关教材的基础上，编写了这本新的《室内设计原理》。本书编写力争重点突出，去粗取精，做到以人为本，贴近社会生活需要，体现出教材的前沿性、理论性、实践性和精简性的要求，保持与时俱进的时代特征。

本书以介绍室内设计的基础知识和基本原理为主体内容，阐述科学、系统；同时，对室内设计中近年来出现的学科发展新观念，如生态观、人体工程学等作了进一步的讲解；而且，还将科学发展观与艺术设计和谐理论融入内容中，充分体现了本书的时代性。本书内容讲解采用循序渐进的方式，每章都有教学提示、教学目标与要求、本章小结、思考题，整体结构合理，层次清晰；既有理论又有实践，通俗易懂，图文并茂。本书还特别增加了室内设计人性化设计的新内容，如对老年人、儿童、残疾人等特殊人群的室内设计知识，可启发和引导学生明确作为室内设计师必须具备丰富的想象力、社会洞察力和深厚的生活体验。

本书的编写尽量满足普通院校同类专业的需求，便于教师教学和学生学习，以期给国内的建筑学和室内设计专业本科生更好的启迪，希望能对普及和提高广大室内设计者的设计理论知识有所裨益。使用本书时，各院校可根据本校建筑美术教学的实际情况，有选择地将学习与参考、教学与自学的内容有机地结合起来。通过对本书的学习，学生可深入理解建筑的空间特性，掌握室内设计的基本原理，熟悉各种建筑室内空间环境的设计、表现、技巧，培养只有具备较高的创造性、综合性才能解决的设计中实际问题的统摄能力。

本书由河南大学土木建筑学院冯柯担任主编，由福建工程学院黄东海、天津城市建设学院韩静霁、河北工业大学关鹰担任副主编，由河北工业大学郭笑梅、河北工业大学乔文黎、天津城市建设学院张媛媛担任参编。具体编写分工是：内容简介、前言的编写和统稿工作由冯柯完成，第1章、第3章由关鹰、郭笑梅编写，第2章、第6章由黄东海编写，第4章、第8章由乔文黎编写，第5章由韩静霁编写，第7章由张媛媛编写。

本书的编写过程充分体现了院校间的通力协作精神，其间还得到了从事多年建筑、室内设计、美术教学的专家、学者及同仁的大力支持，在此一并深表衷心的感谢。

由于编者水平有限，加之编写时间仓促，书中难免出现疏漏和不足之处，恳盼同行和广大读者指正赐教。

冯　柯

2010年5月于汴

目 录

第1章 室内设计总论 ………………… 1

1.1 室内设计的基本概念与
基本观点 ………………………… 1
　1.1.1 室内设计中的几个概念…… 1
　1.1.2 室内设计的基本观点 …… 2
1.2 室内设计的内容、分类、方法与
程序步骤 ………………………… 3
　1.2.1 室内设计的内容 ………… 3
　1.2.2 室内设计的分类 ………… 5
　1.2.3 室内设计的方法 ………… 5
　1.2.4 室内设计的程序步骤 …… 6
1.3 室内设计的特点 ………………… 9
本章小结 ……………………………… 10
思考题 ………………………………… 10

第2章 室内设计与相关学科 ………… 11

2.1 人体工程学与室内设计 ………… 11
　2.1.1 人体工程学的含义与
发展 ………………………… 11
　2.1.2 人体尺度 ………………… 12
　2.1.3 人体工程学在室内设计
中的运用 …………………… 17
2.2 环境心理学与室内设计 ………… 51
　2.2.1 环境心理学的含义与基本
研究内容 …………………… 51
　2.2.2 室内环境中人的心理与
行为 ………………………… 51
　2.2.3 环境心理学在室内设计
中的运用 …………………… 56
2.3 建筑设备与室内设计 …………… 57
　2.3.1 室内给水排水系统 ……… 57
　2.3.2 室内暖通空调系统 ……… 58
　2.3.3 室内电器系统…………… 59
2.4 室内装修施工与室内设计 ……… 60
　2.4.1 室内装修施工的特点 …… 60
　2.4.2 室内装修施工的过程 …… 61

本章小结 ……………………………… 63
思考题 ………………………………… 63

**第3章 室内设计的风格演变与
发展趋势** …………………… 64

3.1 传统风格 ………………………… 64
　3.1.1 中国传统室内装饰风格 … 64
　3.1.2 西方传统室内装饰风格 … 66
　3.1.3 日本传统室内装饰风格 … 69
　3.1.4 伊斯兰传统室内装饰
风格 ………………………… 70
3.2 现代风格 ………………………… 71
　3.2.1 新艺术运动室内装饰
风格 ………………………… 71
　3.2.2 包豪斯学派室内装饰
风格 ………………………… 72
　3.2.3 赖特室内装饰风格 ……… 73
　3.2.4 勒·柯布西耶室内装饰
风格 ………………………… 74
　3.2.5 密斯·凡·德·罗室内
装饰风格 …………………… 74
3.3 后现代风格 ……………………… 75
3.4 自然风格 ………………………… 76
3.5 混合型风格 ……………………… 77
3.6 当代室内设计的流派 …………… 77
　3.6.1 高技派 …………………… 77
　3.6.2 解构主义派 ……………… 78
　3.6.3 极简主义 ………………… 79
　3.6.4 超现实派 ………………… 79
　3.6.5 白色派 …………………… 79
　3.6.6 光亮派 …………………… 80
　3.6.7 新古典主义 ……………… 80
3.7 室内设计发展趋势 ……………… 80
本章小结 ……………………………… 81
思考题 ………………………………… 81

第4章 室内设计的空间组织 ········ 82

- 4.1 空间原则 ·············· 82
  - 4.1.1 室内空间的概念、特性与功能 ········ 82
  - 4.1.2 室内空间的限定与限定度 ·········· 84
  - 4.1.3 室内空间的组织与序列 ··· 88
- 4.2 室内空间的类型与设计原则 ··· 92
  - 4.2.1 固定空间与可变空间 ··· 92
  - 4.2.2 封闭空间与开敞空间 ··· 93
  - 4.2.3 静态空间与动态空间 ··· 94
  - 4.2.4 共享空间与结构空间 ··· 96
  - 4.2.5 虚拟空间 ············ 97
  - 4.2.6 凹入空间与外凸空间 ··· 98
  - 4.2.7 母子空间与悬浮空间 ··· 99
- 4.3 形式美的原则 ·········· 100
  - 4.3.1 均衡与稳定 ·········· 100
  - 4.3.2 对比与微差 ·········· 102
  - 4.3.3 节奏与韵律 ·········· 103
  - 4.3.4 重点与一般 ·········· 105
  - 4.3.5 比例与尺度 ·········· 105
- 本章小结 ··················· 106
- 思考题 ····················· 106

第5章 室内设计的造型原则 ······ 107

- 5.1 室内设计中的形 ·········· 107
  - 5.1.1 室内设计中的点形态 ··· 107
  - 5.1.2 室内设计中的线形态 ··· 109
  - 5.1.3 室内设计中的面形态 ··· 111
  - 5.1.4 室内设计中的体形态 ··· 113
- 5.2 室内设计中的色彩 ········ 116
  - 5.2.1 色彩的基本概念 ······ 116
  - 5.2.2 色彩的心理功能 ······ 117
  - 5.2.3 室内色彩设计的基本原则和方法 ······ 119
- 5.3 室内设计中的材质 ········ 121
  - 5.3.1 室内常用装饰材料的分类及性质 ········ 121
  - 5.3.2 材料的质感与肌理 ···· 123
  - 5.3.3 材料的组织与设计 ···· 124
- 5.4 室内设计中的光 ·········· 125
  - 5.4.1 采光照明的基本概念与要求 ············ 125
  - 5.4.2 室内采光形式与照明形式 ·············· 128
  - 5.4.3 室内照明艺术 ········ 132
- 本章小结 ··················· 134
- 思考题 ····················· 134

第6章 室内界面的装饰设计 ······ 135

- 6.1 室内各界面的要求与特点 ···· 135
- 6.2 室内各界面的装饰设计要点 ··· 136
  - 6.2.1 顶界面的装饰设计 ···· 136
  - 6.2.2 顶界面的构造 ········ 138
  - 6.2.3 侧界面的装饰设计 ···· 139
  - 6.2.4 底界面的装饰设计 ···· 148
- 6.3 门、窗、柱、楼梯等部件的装饰设计要点 ·········· 152
  - 6.3.1 门的装饰设计 ········ 152
  - 6.3.2 窗的装饰设计 ········ 153
  - 6.3.3 柱的装饰设计 ········ 154
  - 6.3.4 楼梯的装饰设计 ······ 154
- 本章小结 ··················· 157
- 思考题 ····················· 157

第7章 室内设计中的内含物 ······ 158

- 7.1 室内家具 ················ 158
  - 7.1.1 家具的尺度与分类 ···· 159
  - 7.1.2 家具在室内空间中的作用 ·············· 167
  - 7.1.3 家具的发展与风格 ···· 168
- 7.2 室内陈设 ················ 172
  - 7.2.1 室内陈设的作用、意义和类型 ············ 172
  - 7.2.2 室内陈设品的选择与布置原则 ············ 175
- 7.3 室内绿化与庭园 ·········· 176
  - 7.3.1 室内绿化的作用 ······ 176
  - 7.3.2 室内绿化的类型 ······ 177

7.3.3 室内庭园的设计 ………… 181
7.4 室内标识 ……………………… 183
　　7.4.1 室内标识的作用与
　　　　　特征 ………………… 183
　　7.4.2 室内标识的种类与
　　　　　设计 ………………… 184
　　7.4.3 室内标识设计原则与
　　　　　方法 ………………… 186
本章小结 …………………………… 186
思考题 ……………………………… 187

第8章 室内生态环境设计 ………… 188

8.1 室内生态环境设计概述 ………… 188
　　8.1.1 室内生态环境设计的
　　　　　含义 ………………… 189
　　8.1.2 我国室内生态环境的
　　　　　现状 ………………… 189
8.2 室内生态环境设计的核心、
　　内容与理念 …………………… 191
　　8.2.1 室内生态环境设计的
　　　　　核心 ………………… 191
　　8.2.2 室内生态环境设计的
　　　　　内容 ………………… 192
　　8.2.3 室内生态环境设计的
　　　　　理念 ………………… 193
8.3 室内生态环境设计的发展
　　前景 …………………………… 194
本章小结 …………………………… 195
思考题 ……………………………… 196

参考文献 ………………………… 197

第1章
室内设计总论

教学提示

本章从宏观的角度出发,介绍了一些室内设计的基础理论知识,着重讲解了室内设计的基本概念与基本观点,室内设计的内容、分类及设计方法与程序步骤,室内设计的特点。

教学目标与要求

使学生了解室内设计的基本概念、设计方法及程序步骤等;引导学生初步形成对室内设计的正确认识。

要求识记:室内设计的基本概念;室内设计的内容、分类及设计方法与程序步骤。

领会:室内设计的特点和基本观点。

建筑设计所创造的室内空间环境并不一定是人们所期望的理想的生存空间环境,它需要经过室内设计师有目的的重新整合和再造,才能成为满足人们需求的理想的空间。人们一生的大部分时间都是在室内度过的,因此现代室内空间环境可以说是环境设计系列中与人们关系最为密切的一个环节。良好的室内空间环境在改善人们的生存环境、提高人们生活质量的同时,还能对人们的行为和生活方式给予一定的规定和引导。总而言之,室内设计对于人们的生活有着非同寻常的、切实的意义。

1.1 室内设计的基本概念与基本观点

1.1.1 室内设计中的几个概念

在学习室内设计基本概念之前,首先应该明确以下几个概念:

(1)"设计"。广义的设计普遍存在于自然科学与社会科学的各个领域内。设计活动首先是一个思维活动过程,经历了从实践上升为理论,然后又从理论转化为具有现实意义的实践的认识过程,但这一活动过程并不是一次性的过程,而是一个反复的、多次的修正认识过程。从微观的角度看,设计又具体到人们身边的视觉传达设计,工业造型设计,建筑及室内的空间设计,服装印染设计等诸多方面,甚至于在决策的制定,以及执行中都存在着设计的因素。可以说,设计已经扩展到人们生活的方方面面。

(2)"室内空间"。室内空间即建筑提供的内部空间,是指由顶界面、底界面和侧界面共同围合而成的建筑内部空间,其中有无顶界面是区分室内外空间的主要标志。它具有两层意义,首先,室内空间是客观存在的物质实在的空间,它在某种程度上取决于建筑;其次,室内空间依赖于置身其中的人对它的感受,也正是基于这个层面,室内设计师能够从造型美学和视觉美学的角度出发,对建筑所提供的室内空间进行重组和再造。建筑活动的目的是创造空间,室内设计活动的目的则是如何更好地改造和利用室内空间。因此,空间设计是建筑和室内设计的灵魂所在。

室内设计是设计领域中众多分支之一,它不仅是对头脑中无限的思维创意的图纸表现,而且是一项综合的、复杂的、有意义的社会活动。室内设计用一种颇有创意的方式把人们联系在一起,以积极的方式促成人与环境,人与人,人与社会间的相互交流。

室内设计是一个动态的过程:一方面,室内设计是设计师的思维过程和建设者的实施建造过程的综合体;另一方面,室内设计随着时代的发展又逐渐有新的含义和内容注入,使得室内设计的含义能够与时俱进并得到逐渐完善。

具体地说,室内设计是根据室内空间的使用性质和所处环境,运用物质材料、技术手段及艺术审美,创造出功能合理、舒适美观、符合人们生理、心理需求的理想的建筑内部使用空间;室内设计将实用性、功能性、艺术审美与符合人们内心情感相结合,强调艺术设计的语言和艺术风格的体现,激发人们对美的感受,对自然的关爱,以及对生活质量的追求。因此,室内设计是艺术与科学技术的结合体,它在规定人们行为的同时,又引导和改变着人们的生活方式,是一项非常有意义的设计活动。

随着时代的发展,人们在经历了简单地把室内设计看做室内装修和室内装饰后,对室内设计的理解逐渐清晰、明确起来。事实上,室内装修、室内装饰、室内设计三者既有联系又有区别。室内装修,主要是针对室内诸如柱、门洞、窗洞等建筑构件及诸如门、窗等室内构件的具体施工,强调的是实施过程和技术的应用,是功能与使用的实现。室内装饰,主要是通过选择摆放诸如家具、灯具、挂画、艺术品雕塑等陈设品的手段从视觉审美的角度出发对已经完成基础装修的室内空间进行继续完善,强调符合空间整体氛围的个性体现和美学体现。而室内设计则是一个综合的、完整的过程,它包括设计构思的形成、施工建造及后期的美化和完善。因此,可以说室内设计包含室内装修和室内装饰,三者密不可分。

1.1.2 室内设计的基本观点

室内设计的最终目标是为人们创造宜人的、健康的生存空间环境。因此,设计师在进行室内设计时必须要秉承以下基本观点:

(1) 适用性。室内设计其实是通过适当的艺术手法,采用适当的造型和材料来营造适当的空间,并准确地把它传递给施工方,最终创造出切实的、宜人的、健康的室内空间环境。为了达成这种"适当",在设计的时候必须要通盘考虑,把以人为本作为设计的出发点,符合时代发展的需要。

(2) 艺术性。每项室内设计都需要根据室内空间使用性质和业主的要求表达特定的概念,使得室内空间环境具有一定的内涵,这种概念的表达需要设计师必须通过艺术的手法来实现。

(3) 文化性。文化性是室内设计中需要体现出来的,室内设计的各个构成要素都能够以文化的形象来展现,通过家具、书画、雕塑等不同的语言来表达,从而展现出国家的、民族的、地域的历史文化内涵。

(4) 科学性。室内设计应该充分体现当代科学技术的发展水平,通过使用适当的先进技术、材料、设备,以科学的手段体现为人服务的主导思想。

（5）生态性。对于生态的维护已经成为当今设计领域秉承的重要观点。室内设计也必须强调这一观点，贯彻可持续发展原则，将新技术、新材料、新工艺用于室内设计中，减少对环境的污染，减少对能源的浪费，多用可再生的清洁能源和环保材料，充分利用自然光和自然通风。

1.2 室内设计的内容、分类、方法与程序步骤

1.2.1 室内设计的内容

随着人们生活质量的提高，现代室内设计的内容更丰富，范围更广泛，层次也更深入。只有了解室内设计的相应设计内容，才能更加有针对性地进行设计。从宏观角度看，室内设计其实是对室内环境的综合性设计，其内涵更加丰富，除了室内空间环境，室内声、光、热环境，室内空气环境（主要指空气质量、有害气体和粉尘含量、放射计量等）等室内客观物理环境外，还包括空间使用者的主观心理感受。从微观角度看，室内设计的内容主要包括以下几点：

（1）室内空间组织和界面处理。对室内空间的设计是室内设计的灵魂和根本，而空间设计的是否合理，使用是否舒适便捷，这在很大程度上取决于设计师对空间的组织和平面布局的处理。建筑在长达几十年的使用过程中，其所提供的室内空间未必与使用它的每种活动性质完全相适应，因此，在进行一个室内设计项目时，应该根据它的使用功能和活动性质对客观存在的建筑空间进行调、重组和完善，以求创造出合理的使用空间。空间组织首先是对空间功能的组织，其次是对空间形态的组织和完善（见图1.1）。对空间的组织和再造，在某种程度上依托于对室内空间各围合界面的围合方式及界面形式的设计，从而更好地丰富室内空间功能和形式。在进行空间组织和界面设计时，设计师还应该将必要的建筑结构构件（如梁、柱等）和安装设施（如公共空间中室内顶棚内的风道、消防喷淋、烟感及水、电等相关必要设施）考虑在内，并将这些因素与界面形式美巧妙结合，这是室内界面设计的重要内容（见图1.2）。

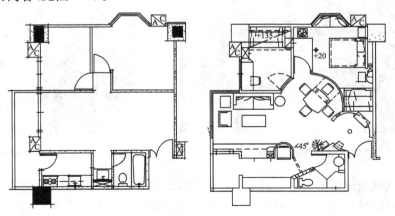

图1.1 某居室空间规划前与空间规划后

图1.2　某公共空间交通入口处的界面设计

（2）室内照明、色彩和材质设计。室内设计中的照明、色彩和材质这三者有密不可分的关系。室内空间的照明光源主要来自自然采光和人工照明两部分，它为生活、工作于室内的人们提供必要的采光需要，同时还能够对形与色起到修饰作用，营造丰富的空间效果（见图1.3）。有了光线，色彩就成为室内设计中最为活跃的元素，不同使用功能和使用性质的空间需要不同的色彩与之相适应。材质作为一个重要载体，在设计中也是不可忽略的，不同的材质能够给同一种色彩或者同一个空间带来不同的情感面貌。在室内设计中光与色彩、材质的关系是十分微妙生动的。

（3）室内配饰物的设计和选用。室内设计中的配饰物主要包括家具、陈设、灯具、室内景观等。它们在室内空间中具有举足轻重的地位，它们既要满足一定的使用功能要求，还要具有一定的美化环境的作用。从某种意义上说，室内配饰物是室内设计风格体现，以及环境氛围塑造的主体（见图1.4）。因此，应本着与室内空间使用功能和空间环境相协调的原则来进行室内配饰物的设计与选用。

图1.3　某室内空间卫生间的照明设计　　　图1.4　某住宅起居室中的配饰物设计

另外，从室内设计的整体过程方面看，相应的构造及施工设计也是室内设计中十分重要的内容。好的设计创意需要最终依靠合理有效的施工工艺和构造做法来实现，这也是优秀的设计师必备的一项技能。

1.2.2 室内设计的分类

根据建筑室内空间的使用性质,室内设计大概分为以下几类:

(1) 居住建筑室内设计。居住建筑室内设计包括住宅室内设计、公寓室内设计、宿舍室内设计等(见图 1.5)。其内部空间设计内容主要有起居室、餐厅、卧室、书房、厨房、卫生间等。

(2) 公共建筑室内设计。公共建筑室内设计包括以下几种:文教科研卫生类建筑室内设计、商业建筑室内设计、办公类建筑室内设计、观演体育类建筑室内设计、旅游建筑室内设计、展览建筑室内设计、交通建筑室内设计等。如图 1.6 所示为某办公空间室内设计。

图 1.5　某住宅室内设计

图 1.6　某办公空间室内设计

(3) 工业建筑室内设计和农业建筑室内设计。工业建筑室内设计和农业建筑室内设计相对于居住和公共建筑室内设计都属于特殊建筑室内设计,主要包括车间厂房、饲养房等的设计。

1.2.3 室内设计的方法

室内设计是综合多学科和多领域合作的一个复杂的过程,目的在于用适当的造型、技术与材料营造适当的室内空间,并准确地传递给业主。正确的思维模式和合理的工作方法(计划)是确保达成这一目标的两大因素。

对于室内设计这一综合过程来讲,设计概念的提出是基础,而好的设计概念的提出又离不开思维的开放。思维的开放对于设计来说是第一重要的事。人的思维模式主要有理性思维和感性思维,理性思维是通过一种线性的思路去推导过程得出结论,正确的答案只有一个,是人们的一种惯用思维模式。而感性思维是一种树形的形象类比的思维过程,是发散性的,一个题目往往能够得出若干个可能属于完全不同形态的概念,每种概念经过发展可能得出不同的结果,因此具有多样性。设计正是要在这种多元的结果中发展,设计师必须以感性的思维模式直觉地、主观地、感性地去思考问题。单纯的感性思维模式所产生的大量概念,又需要设计师通过理性的、逻辑的去推理,以最终确定方案是否具有可操作性和可实施性。因此,设计师必须适时地应用这两种思维方式。

合理的工作方法是将概念贯彻下去并最终得到预期结果的有利和必要的保障,这其实是将概念转化为形式的过程。概念包括哲学概念和功能概念两部分。哲学概念用于表达一个项目的外在形式、本质特征、目的及潜在特点等，能够赋予项目超出美学和功能以外的特定的位置感和精神。如果说哲学概念是一般的，那么功能概念则是个别的，功能概念涉及如何解决特定问题并且最终以概念的形式去表达。虽然这时提出的概念（例如，如何最大限度地利用自然采光、如何尽量减少材料带来的污染、如何保证合理的流线和功能分区、如何进行无障碍设计、如何降低维护费用和控制预算等）未必能够很清楚的解决问题，但对最终的形式是有一定影响的。当设计者和业主找到了适合项目的概念，接下来就需要具体的形式来表达这些概念。最初的概念表达并不需要用具体的形式来确定的表达，相反，抽象的易于绘画的表达方式更加有利。例如，用圆圈表示不同的功能空间，用箭头表明各类交通流线轨迹，用星形和交叉点表明中心、聚集点或表示潜在的冲突和具有重要意义，而一些之字形线和关节线则可表示如隔断、墙等垂直元素。用这种表达方法，发散思维，绘制出两个以上满足设计要求的概念方案，比较利弊并最终选择合理的概念方案进行深入。深入的过程，实质是将原来松散的、抽象的图形和箭头具体化为可辨认的物体和形象、实际的空间、精确的边界、物质的颜色和质地等。

另外，由于室内设计是一个多学科的、综合的、完整的设计过程，因此，它不是某个单独学科能够独立完成的，而是需要一个配合默契、具有专业素质的团队来合作完成。

1.2.4 室内设计的程序步骤

室内设计是一个系统的过程，从工作内容和所得成果方面入手，可将室内设计的整个过程分为以下四个步骤：项目调研和准备、构思方案的提出与确定、构思方案的深入与细化、方案的实施。

表1-1所列为与各个设计步骤相对应的具体工作内容。

表1-1 室内设计过程步骤及工作内容

阶段	工作项目	工作内容
项目调研和准备	调查研究	(1) 定向调查
		(2) 现场调查
	收集资料	(1) 建筑工程资料
		(2) 查阅同类设计内容的资料
		(3) 调查同类设计内容的建筑室内
		(4) 收集有关规范和定额
	方案构思	(1) 整体构思形成草图
		(2) 比较各种草图从中选定
构思方案的提出与确定	确定设计方案	(1) 征求建设单位意见
		(2) 与建筑、结构、设备、电气设计方案进行初步协调
		(3) 完善设计方案

(续)

阶段	工作项目	工作内容
构思方案的提出与确定	完成设计	(1) 设计说明书 (2) 设计图纸(平面图、顶面图、立面图、剖面图、效果图)
	提供装饰材料实物样板	(1) 墙纸、地毯、窗帘、纺织面料、面砖、石材、木材等实物样品 (2) 家具、灯具、设备等彩色照片
	编制工程概算	根据方案设计的内容,参照定额,测算工程所需费用
	编制投标文件	(1) 综合说明 (2) 工程总报价及分析 (3) 施工的组织、进度、方法及质量保证措施
构思方案的深入与细化	完善方案设计	(1) 对方案设计进行修改、补充 (2) 与建筑、结构、设备、电气设计专业进行充分协调
	完成施工文件	(1) 提供施工说明书 (2) 完成施工图设计(施工详图、节点图、大样图)
	编制工程预算	(1) 编制说明 (2) 工程预算表 (3) 工料分析表
方案的实施	与施工单位协调	向施工单位说明设计意图、进行图纸交底
	完善施工图设计	根据施工情况对图纸进行局部修改、补充
	工程验收	会同质量部门和施工单位进行工程验收
	编制工程决算	(1) 编制说明 (2) 工程预算表 (3) 工料分析表

1. 项目调研和准备阶段

这一阶段的主要任务和工作内容是全方位了解和收集项目相关资料,为之后的方案进行提供必要的基础和充足的依据,并且提出概念草图方案。在获得设计任务书(还要向业主索要相关图纸文件,包括设计任务书、建筑平面图、立面图、剖面图、暖通、电气图等)后,应该进行相关的调研,这主要包括实地勘察和收集相关项目资料及同类项目资料,设计者应该针对每个项目对收集整理的资料进行专项记录,以便以后能够更好地将资料和构思系统化。当然,这一阶段还要与业主很好地进行沟通,记录并确认甲方的行业性质,关于设计范围、功能需求、中长期规划情况、空间意象、风格定位、造价标准等内容,为设计提供基础条件和创意来源。

概念方案的定位与提出，对整个设计的成败有着较大影响。对于一个项目中，好的切实的概念方案的提出，能够为以后方案的深入打下良好基础，使之能够自然顺畅的向下进行。这时的概念设计主要是指设计师通过将感性思维和理性思维相结合，运用图形的方式，在对设计项目的环境、功能、材料、风格进行综合分析之后所做的空间总体艺术形象的构思设计。值得一提的是，设计师可以借助多种手段相结合的方式来完成概念方案的提出，其中，手绘草图以其能够快速记录并表达设计师创作灵感和思维过程这一特征成为设计师们的主要工具。此外，一些专业软件也能够给予一定的支持。

2. 构思方案的提出与确定

这一阶段主要是正式方案的提出阶段。正式方案的提出是建立在明确的概念方案上的，是从各个方面对概念方案的一个深入，将提出的概念用可识别的视觉语言表达出来。在这之前，设计师需要与其他各相关专业进行协调，将可能发生的矛盾做最大可能的化解。之后，概念方案可转化为真正可以实现的，通过室内平面布置图、顶棚平面图、立面图、透视图等不同的图纸内容来传达的具体空间形式。同时，设计师还要提供材料示意图（或材料样板）和家具示意图。并且在实际工程项目中有时须在此阶段编制工程概算及投标文件。

构思方案的提出与确定阶段设计最终应该得到以下设计成果：

（1）室内装饰工程：设计说明（项目背景简介、设计概念、设计目标、设计手法等）；空间特性评价；平面图（按比例绘制，包括墙体形式、房间面积、家具、铺地材料等）；顶面图；剖面图；色彩设计图、照明设计图；透视图（尽可能用手绘）；饰面一览表。

（2）家具工程：设计说明（基本构思定位、设计目标、设计元素、材料等）；模型图；平面图、立面图、剖面图；饰面一览表；细部构造。

另外，设计师在这一阶段完成时，最好还要从以下几个方面对至此所完成的设计情况进行自检：①是否满足功能要求；②是否维护并深化了概念；③是否清晰界定、解决了特定问题；④是否考虑了如体量大小、材料、形态特征、人体工学、安全性、施工条件、成本、建造成本、行业规范等细节；⑤是否表达到位。

3. 构思方案的深入与细化

由纸上方案到一个切实可用的空间，这其中少不了绘制施工图这一重要环节，这一过程是对之前提出的方案的深入与细化。当设计师与业主共同确定了构思方案后，就需要针对该方案的可实施性和具体细节进行深入推敲和调整，然后绘制施工图。需要明确的是，施工图要达到能够指导施工的深度，包含装饰、水电、空调等系统的图纸。同时这一阶段需要编制工程预算文件。

施工图设计阶段需要重点把握的内容有以下四点：①切实掌握不同材料类型的物质特征、规格尺寸、最佳表现方式；②充分利用材料链接方式的构造特征来表达设计意图；③将室内环境系统设备（灯具样式、空调风口、暖气造型、管道设备等）与空间界面构图结合成一个有机整体；④关注空间细节的表现，如空间界面的转折点和不同材料衔接处的处理。

这一阶段的设计成果目录（一套完整的室内设计施工图）包括封面（工程项目名称），设计说明、防火说明、施工说明、目录、门窗表、室内各层平面布置图、室内各层地面铺装图，室内各层顶棚平面图，剖立面图，细部大样和构造节点图。

值得一提的是，与这一过程所需要的技术相对应，要求设计师必须掌握一定的施工技术与构造工艺等知识，并且要能够与其他相关技术种类（如水、电、暖通、消防等）相配合。

4. 方案的实施

施工图绘制的完成标志着该项目在图纸阶段的工作已经基本完成，接下来就由工程施工方依照图纸进行施工，对于设计师这一阶段的主要任务是材料选择与施工监理，以及对业主与施工方的具体协调等。

在这一过程中，设计师首先需要进行"设计交底"，即向施工人员说明设计意图和施工需要注意的事项和细节，并且应该帮助施工人员理清图纸。之后，设计师还要经常在现场指导施工，如图纸提供的一些构造、尺寸、色彩、图案等是否符合现场具体情况；完善和交代图纸中没有设计的部分；处理与各专业之间出现的矛盾等。因此，设计师很可能需要对原有图纸及时地进行局部修改和完善，并绘制变更图。当项目较大时，通常还需要聘请专业施工监理。

施工完成后，设计师还要及时进行现场或电话回访，以进行最后的完善，并且可以自我总结。

下面为构思方案的深化与细化阶段及方案实施阶段的相关设计文件：

（1）方案阶段相关设计文件：①设计说明书。它是设计方案的具体说明，反映设计的意图。通常应包括设计的总体构思，对功能问题的处理，平面布置中的相互关系，装饰的风格和处理手法，装饰技术措施等。②方案设计图纸（是施工图设计的基础和根据）。方案设计图纸包括四项：平面图（1∶50、1∶100），平面各个功能分区的关系、家具、陈设的位置和比例，地面或楼面的用材和数据；立面图（1∶50、1∶20），各立面的造型、用材、用色等；顶棚图（1∶50、1∶100），顶棚的造型、用材、灯具灯位等；效果图，通常只在方案阶段需要。需要注意的是，在方案设计图中，一般只注明图的比例，不一定注明详细尺寸。方案设计图中的立面图一般只标出主要立面。方案设计图中一般不画大样图和节点图。

（2）施工图设计阶段相关设计文件：①施工说明书。是对施工图设计的具体说明，用以说明施工图设计中未标明的部分及设计对施工方法、质量的要求等。②施工设计图（是工程施工的根据）。施工设计图包括两项：施工中必须的平面图、地面拼花图、立面图、顶棚图。这些图表明图中有关物体的尺寸、做法、用材、用色、规格、品牌等；画出必要的细部大样和构造节点图。需要注意的是，施工图的设计中应着重考虑实施的可行性。施工图的正式出图必须使用图签，并加盖图章，图签内应有工程负责人、设计人、校核人、审核人等签名。

1.3 室内设计的特点

室内设计作为一门独立的学科，有着区别于其他学科的特点，主要表现在以下几方面：

（1）直接性和密切性。人一生中大部分活动都是在室内完成的，因此，室内空间环境对人们的身心健康及生活方式和质量有着直接影响。从某种程度来说，室内设计对于人类的生活方式具有一定的规定性和引导性。人们生活中触手可及的家具、陈设及不能以视觉来衡量的空间环境都能够直接对空间的使用者产生质的影响，这种影响包括物质和精神两方面。

（2）时空性。时空性是室内设计区别于其他学科的最为显著的特点，室内设计与时间因素的关系十分密切，体现着一种时间的序列关系。一是使用者对于空间的使用过程本身就体现为一种时间性。室内空间的层次、节奏、韵律都是在时间展开的过程中形成的。二是室内空间的使用功能、空间组织、装修构造及设施安装等方面存在着周期性，并且更新周期缩短。现代的部分商业空间的更新周期随着购物行为和经营方式的改变都只有短短几年。另外，由于现代科学技术日新月异，新技术新材料作为设计中的活跃因素，使得设备构造材料等的更新周期也日益缩短。这也提醒室内设计师以动态的和发展的原则来对待设计项目。

（3）综合性。室内设计是一个多学科、多领域交叉的系统的学科。一个室内空间可能涉及的相关专业很多，如建筑、结构、照明、空调、供暖、给排水、消防、交通、广播、广告标识等系统。室内设计更加深刻地将设计美学、科学技术、工艺制造有机地结合起来。

（4）时代感。科学技术的发展是时代不断进步的强大推动力，现代室内设计也正依赖于这种新技术新手段，为人类创造更为舒适的生存空间。先进的自动化、电脑控制、智能化技术使得现代室内设计具有强烈的时代感。

本 章 小 结

本章分别从宏观和微观的角度对室内设计的概念、观点、内容及室内设计的方法步骤等一般性原理进行了讲解，可使读者对室内设计产生更加正确、深入的认识，为其理性的思考提供坚实的基础。室内设计是一个独立的、整体的、系统的学科，设计师需要秉持全面的、科学的环境观来看待，以正确的理论和方法来研究。随着社会和经济的发展，室内设计的理论知识和实践范畴还在进一步深入、完善和发展，因此，设计师也要不断地充实提高自己。

思 考 题

1. 如何从宏观和微观的角度理解室内设计的内容？
2. 如何看待室内空间和功能设计在室内设计中的重要性？
3. 如何以发展的眼光看待现代室内设计？

第 2 章 室内设计与相关学科

教学提示

本章主要从宏观角度讲解了室内设计知识及其相关学科,如人体工程学、环境心理学、建筑设备、室内装修施工等学科知识,以使学生懂得室内设计是一门综合学科,知识范围宽泛。

教学目标与要求

使学生了解室内设计与人体工程学、环境心理学、建筑设备、室内装修施工之间的密切关系,掌握必要的相关学科知识并在设计实践中自觉地加以应用,以创造安全健康、便利舒适的室内环境。

要求识记:人体工程学中具体尺度,尤其特殊人群设计的特殊尺度。

领会:室内设计与相关学科的关系。

室内设计是一门综合性学科,兼具艺术性和科学性。作为一名合格的室内设计师,除了应该掌握大量的信息以外,还要不断地学习其他学科中的有益知识,使自己的设计作品具有丰富的科学内涵。人体工程学、环境心理学、建筑光学、建筑构造、建筑设备等学科与室内设计学科关系密切,对于创造宜人舒适的室内环境具有重要的意义,设计师应该对这些知识有所了解。

2.1 人体工程学与室内设计

人体工程学是一门独立的现代新兴边缘学科,它的学科体系涉及人体科学、环境科学、工程科学等诸多门类,内容十分丰富,其研究成果已开始被广泛应用在人类社会生活的诸多领域。室内设计的服务对象是人,设计时必须充分考虑人的生理、心理需求,而人体工程学正是从关注人的角度出发研究问题的学科。因此,室内设计师有必要了解掌握人体工程学的有关知识,自觉地在设计实践中加以应用,以创造安全健康、便利舒适的室内环境。

2.1.1 人体工程学的含义与发展

人体工程学是研究人、物、环境之间的相互关系、相互作用的学科。人体工程学起源于欧美,起源时间可以追溯到 20 世纪初期,最初是在工业社会中,广泛使用机器设备实行大批量生产的情况下,探求人与机械之间的协调关系,以改善工作条件,提高劳动生产率。第二次世界大战期间,为充分发挥武器装备的效能,减少操作事故,保护战斗人员,军事科学技术中开始运用了人体工程学的原理和方法。例如，在坦克、飞机的内舱设计中，要考虑如何使人在舱体内部有效地操作和战斗，并尽可能减少人长时间在小空间内的疲劳感，即处理好人—机（操纵杆、仪表、武器等）—环境（内舱空间）的协调关系。第二次世界大战后，在完成初期的战后重建工作之后，欧美各国进入了大规模的经济发展时期，各国把人体工程学的实践和研究成果迅速有效地运用到空间技术、工业生产、建筑及室内设计等领域中，人体工程学得到了更大的发展。1961年国际人类工效学联合会（International Ergonomics Association，IEA）正式成立。

当今，社会发展已经进入信息社会时代，各行业都重视以人为本，为人服务。而人体工程学强调从人自身出发，在以人为主体的前提下，研究人们衣、食、住、行及一切生活、生产活动并对其进行综合分析，符合社会发展进程的需求，其在各个领域的作用也越来越显著。

IEA为人体工程学科所下的定义被认为是最权威最全面的定义，即人体工程学是研究人在某种工作环境中的解剖学、生理学和心理学等方面的各种因素，研究人和机器及环境的相互作用，研究在工作中、家庭生活中和休假时怎样统一考虑工作效率、人的健康、安全和舒适等问题的学科。

结合我国人体工程学发展的具体情况，并联系室内设计，可以将人体工程学的含义理解为：以人为主体，运用人体测量学、生理学、心理学和生物力学等学科的研究手段和方法，综合研究人体结构、功能、心理、力学等方面与室内环境各要素之间的合理协调关系，以适合人的身心活动要求，取得最佳的使用效能（参见《辞海》关于人类工程学条目的释义），其目标是安全、健康、高效和舒适。

人体工程学与相关学科及人体工程学中人、设施和环境的相互关系如图2.1、图2.2所示。

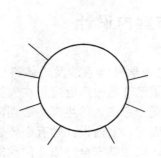

图2.1　人体工程学及相关学科

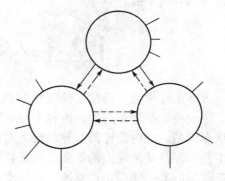

图2.2　人、设施、环境的相互关系

2.1.2　人体尺度

人体测量及人体尺寸是人体工程学中的基本内容，各国的研究工作者都对自己国家的人体尺寸做了大量调查与研究，发表了可供查阅的相应资料及标准，这里就人体尺寸的一些基本概念和基本应用原则及我国的一些有关资料予以介绍。

1. 静态尺寸和动态尺寸

人体尺寸可以分成两大类,即静态尺寸和动态尺寸。静态尺寸是被试者在固定的标准位置所测得的躯体尺寸,也称结构尺寸。动态尺寸是在活动的人体条件下测得的躯体尺寸,也称功能尺寸。虽然静态尺寸对某些设计目的来说具有很好的意义,但在大多数情况下,动态尺寸的用途更为广泛。

在运用人体动态尺寸时,应该充分考虑人体活动的各种可能性,考虑人体各部分协调动作的情况。例如,人体手臂能达到的范围绝不仅仅取决于手臂的静态尺寸,它必然受到肩的运动和躯体的旋转、可能的背部弯曲等情况的影响。因此,人体手臂的动态尺寸远大于其静态尺寸,这一动态尺寸对于大部分设计任务而言也更有意义。采用静态尺寸,会使设计的关注点集中在人体尺寸与周围边界的净空,而采用动态尺寸则会使设计的关注点更多地集中到所包括的操作功能上去。

(1) 我国成年人人体静态尺寸。《中国成年人人体尺寸》(GB 10000—1988)是 1989 年 7 月开始实施的我国成年人人体尺寸国家标准。该标准共提供了七类共 47 项人体尺寸基础数据,标准中所列出的数据是代表从事工业生产的法定中国成年人(男 18~60 岁,女 18~55 岁)的人体尺寸,并按男、女性别分开列表。图 2.3、图 2.4 所示分别为我国成年人立姿人体尺寸和坐姿人体尺寸。

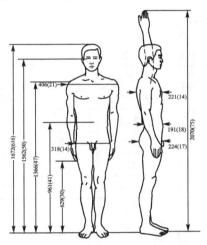

图 2.3 立姿人体尺寸(mm,括号内为标准偏差)

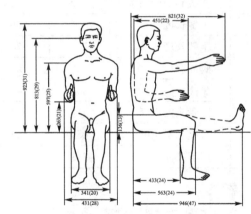

图 2.4 坐姿人体尺寸(mm,括号内为标准偏差)

我国地域辽阔,不同地域人体尺寸有较大差异。表 2-1 所列及图 2.5 所示是按照较高、较矮及中等三个级别所列的人体尺寸。

表 2-1 我国不同地区人体各部分平均尺寸 (mm)

编号	部位	较高人体地区（冀、鲁、辽）		中等人体地区（长江三角洲）		较低人体地区（四川）	
		男	女	男	女	男	女
A	人体高度	1690	1580	1670	1560	1630	1530
B	肩宽度	420	387	415	397	414	385

(续)

编号	部位	较高人体地区（冀、鲁、辽）		中等人体地区（长江三角洲）		较低人体地区（四川）	
		男	女	男	女	男	女
C	肩峰至头顶高度	293	285	291	282	285	269
D	正立时眼的高度	1573	1474	1547	1443	1512	1420
E	正坐时眼的高度	1203	1140	1181	1110	1144	1078
F	胸廓前后径	200	200	201	203	205	220
G	上臂长度	308	291	310	293	307	289
H	前臂长度	238	220	238	220	245	220
I	手长度	196	184	192	178	190	178
J	肩峰高度	1397	1295	1379	1278	1345	1261
K	1/2 上骼展开全长	869	795	843	787	848	791
L	上身高长	600	561	586	546	565	524
M	臀部宽度	307	307	309	319	311	320
N	肚脐高度	992	948	983	925	980	920
O	指尖到地面高度	633	612	616	590	606	575
P	上腿长度	415	395	409	379	403	378
Q	下腿长度	397	373	392	369	391	365
R	脚高度	68	63	68	67	67	65
S	坐高	893	846	877	825	850	793
T	腓骨头的高度	414	390	407	382	402	382
U	大腿水平长度	450	435	445	425	443	422
V	肘下尺寸	243	240	239	230	220	216

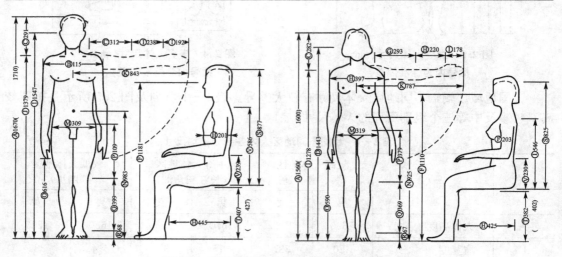

图 2.5　我国成年男、女基本尺度图解(mm)

（2）我国成年人人体动态尺寸。人们在进行各项工作活动时都需要有足够的活动空间，人体动态尺寸对于活动空间尺度的确定有重要的参考作用。

图 2.6 所示为人体基本动作尺度，该尺度可作为各种空间尺度的主要依据。遇到特殊情况，可按实际需要适当增减加以修正。

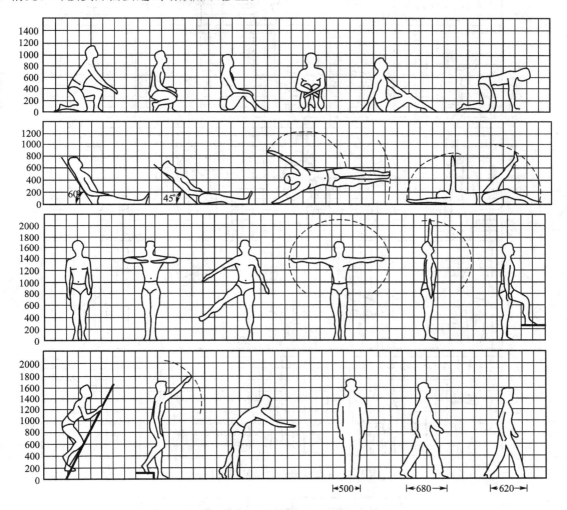

图 2.6　人体基本动作尺度（mm）

图 2.7 所示为人体活动所占空间尺度。图中活动尺度均已包括一般衣服厚度及鞋的高度。这些尺度可供设计时参考。如果涉及一些特定空间的详细尺寸，在设计时可查阅有关的设计资料或手册。

2. 人体尺寸的应用

图 2.8 所示为我国成年人不同人体身高占总人数的比例。图中涂阴影部分是设计时可供考虑的身高尺寸幅度。从图中可看到，可供参考的人体尺寸数据是在一定的幅度范围内变化的，因此，在设计中究竟应该采用什么范围的尺寸作参考就成为一个值得探讨的问题。一般认为，针对室内设计中的不同情况可按以下三种人体尺度来考虑：

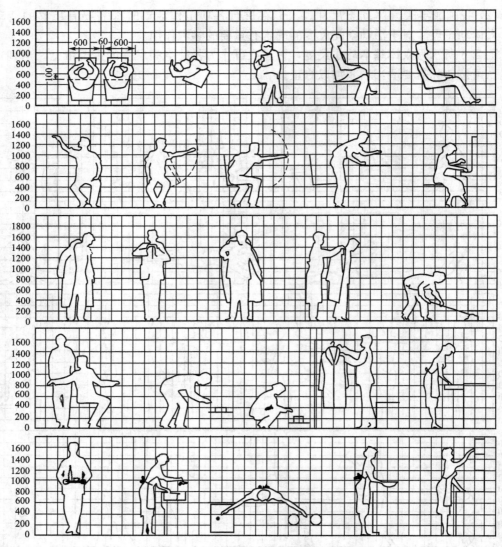

图 2.7　人体活动所占空间尺度(mm)

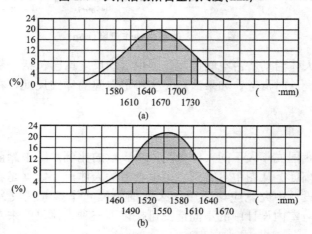

图 2.8　我国成年人不同人体身高占总人数的比例

（1）按较高人体高度考虑空间尺度，如楼梯顶高、栏杆高度、阁楼及地下室净高、门洞的高度、淋浴喷头高度、床的长度等，一般可采用男性人体身高幅度的上限1730mm，再另加鞋厚20mm。

（2）按较低人体高度考虑空间尺度，如楼梯的踏步、厨房吊柜、搁板、挂衣钩及其他空间置物的高度、盥洗台、操作台的高度等，一般可采用女性人体的平均高度1560mm，再另加鞋厚20mm。

（3）一般建筑内使用空间的尺度可按成年人平均高度1670mm（男）及1560mm（女）来考虑，如剧院及展览建筑中考虑人的视线以及普通桌椅的高度等。当然，设计时也需要另加鞋厚20mm。

2.1.3 人体工程学在室内设计中的运用

人体工程学作为一门新兴的学科，在室内环境设计中应用的深度和广度，还有待于进一步开发，目前已开展的应用主要有以下几个方面：

（1）作为确定个人以及人群在室内活动所需空间的主要依据。根据人体工程学中的有关测量数据，从人体尺度、活动空间、心理空间及人际交往空间等方面获得依据，从而在室内设计时确定符合人体需求的各不同功能空间的合理范围。

（2）作为确定家具、设施的形体、尺度及其使用范围的主要依据。室内家具设施使用的频率很高，与人体的关系十分密切，因此，它们的形体、尺度必须以人体尺度为主要依据。同时，为了便于人们使用这些家具和设施，必须在其周围留有充分的活动空间和使用余地，这些都要求由人体工程学科学地予以解决（见图2.9）。室内空间越小，停留时间越长，对这方面内容进行科学测试的要求越高，如车厢、船舱、机舱等交通工具内部空间的设计，就必须十分重视相关人体工程学数据的研究。

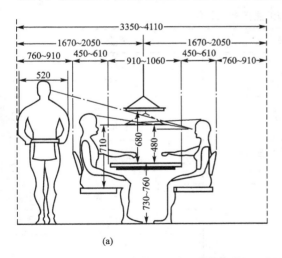 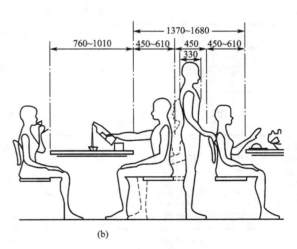

图2.9　由人体尺度及活动空间确定的餐桌尺寸及活动范围(mm)

（3）提供适宜于人体的室内物理环境的最佳参数。室内物理环境主要包括室内光环境、声环境、热环境、重力环境、辐射环境、嗅觉环境、触觉环境等。有了适应人体要求的上述相关科学参数后,在设计时就有可能做出比较正确的决策(见表2-2、表2-3),从而设计出舒适宜人的室内环境。

表2-2 室内允许噪声级(昼间)

建筑类别	房间名称	允许噪声级(A声级,dB)			
		特级	一级	二级	三级
住宅	卧室、书房	—	≤40	≤45	≤50
	起居室		≤45	≤50	≤50
学校	有特殊安静要求的房间	—	≤40		
	一般教室			≤50	
	无特殊安静要求的房间				≤55
医院	病房、医务人员休息室	—	≤40	≤45	≤50
	门诊室		≤55	≤55	≤60
	手术室		≤45	≤45	≤50
	听力实验室		≤25	≤25	≤30
旅馆	客房	≤35	≤40	≤45	≤55
	会议室	≤40	≤45	≤50	≤50
	多功能厅	≤40	≤45	≤50	—
	办公室	≤45	≤50	≤55	≤55
	餐厅、宴会厅	≤50	≤55	≤60	—

表2-3 室内热环境的主要参照指标

项目	允许值	最佳值
室内温度(℃)	12~32	20~22(冬季) 22~25(夏季)
相对湿度(%)	15~80	30~45(冬季) 30~60(夏季)
气流速度(m/s)	0.05~0.2(冬季) 0.15~0.9(夏季)	0.1
室温与墙面温差(℃)	6~7	<2.5(冬季)
室温与地面温差(℃)	3~4	<1.5(冬季)
室温与顶棚温差(℃)	4.5~5.5	<2.0(冬季)

(4) 对人类视觉要素的测量为室内视觉环境设计提供科学依据。室内视觉环境是室内设计领域的一项十分重要的内容,人们对室内环境的感知有很大程度是依靠视觉来完成的。人眼的视力、视野、光觉、色觉是视觉的几项基本要素,人体工程学通过一定的实验

方法测量得到的数据，对室内照明设计、室内色彩设计、视野有效范围、视觉最佳区域的确定提供了科学的依据。其中人眼的视野范围如图2.10所示。

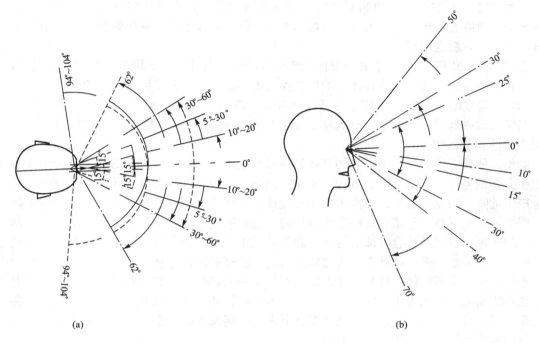

图 2.10 人眼的视野范围

1. 老年人室内设计

老年人随着年龄的增长，身体各部分的机能如视力、听力、体力、智力等都会逐步衰退，心理上也会发生很大的变化。视力、听力的衰退将导致眼花、耳聋、色弱、视力减退甚至失明；体力的衰退会造成手脚不便，步履蹒跚，行走困难，智力的衰退会产生记忆力差，丢三落四，做事犹豫迟疑，运动准确性降低。身体机能的这些变化造成了自身抵抗能力和身体素质的下降，容易发生突然病变；而心理上的变化则使老年人容易产生失落感和孤独感。对于老年人的这些生理、心理特征，应该在室内设计中特别予以关注。随着我国人口结构的逐步老龄化，老年人的室内设计更应引起人们的高度重视。

1) 老年人对室内环境的特殊需求

（1）生理方面。生理方面，老人对室内环境的需求应该考虑下述几个特殊问题：

① 室内空间问题。由于老年人需要使用各种辅助器具或需要别人帮助，所以要求的室内空间比一般的空间大，一般以满足轮椅使用者的活动空间大小为佳。

② 肢体伸展问题。由于生理老化现象，老人经常有肢体伸直或弯曲身体某些部位的困难，因此必须依据老年人的人体工程学要求进行设计，重新考虑室内的细部尺寸及室内用具的尺寸。

③ 行动上的问题。由于老年人的肌肉强度及控制能力不断减退，老人的脚力及举腿动作较易疲劳，有时甚至必须依靠辅助用具才能行动，所以对于有关走廊、楼梯等交通系统的设计均需重新考虑。

④ 感观上的问题。老年人眼角膜的变厚使他们视力模糊，辨色能力尤其是对近似色的区分能力下降。另外，由于判断高差和少量光影变化的能力减弱，室内环境中应适当增强色彩的亮度。70岁以后，眼睛对光线质量的要求增高，从亮处到暗处时，适应过程比青年人长，对眩光敏感。老年人往往对物体表面特征记得较牢，喜食风味食品，对空气中的异味不敏感，触觉减弱。

⑤ 操作上的问题。由于年龄的增长，老年人的握力变差，对于扭转、握持常有困难，所以各种把手、水龙头、厨房及厕所的器具物品等都必须结合上述特点重新考虑。

（2）心理方面。人们的居住心理需求因年龄、职业、文化、爱好等因素的不同而不同，老年人对内部居住环境的心理特殊需求主要为：安全性、方便性、私密性、独立性、环境刺激性和舒适性。

老年人的独立性意味着老年人的身体健康和心理健康。但随着年龄的增长，老年人或多或少会受到生理、心理、社会方面的影响，过分的独立要消耗他们大量的精力和体力，甚至产生危险，因此，老年人室内居住环境设计要为老年人的独立性提供可依托的物质条件，创造一个实现独立与依赖之间平衡的环境。这种独立与依赖之间平衡的环境应该依据老年人的生理、心理及社会方面的特征，能弥补老年人活动能力退化后的可移动性、可及性、安全性和舒适性等，弥补老年人感知能力退化的刺激性，弥补老年人对自身安全维护能力差的安全感及私密性，弥补老年人容易产生孤独感和寂寞感的社交性，对老年人的室内居住环境实施"以人为本"的无障碍设计。但是，弥补性又不能太过分，过分的弥补会使老年人丧失机体功能。这种环境既要促使老人发挥其最大的独立性，又不能使老人在发挥独立性时感到紧张和焦虑。

2）中国老年人人体尺度

老年人体模型是老年人活动空间尺度的基本设计依据。目前我国虽然还没有制定相关规范，但根据老年医学的研究资料也可以初步确定其基本尺寸。老年人由于代谢机能的降低，身体各部位产生相对萎缩，最明显的是身高的萎缩。据老年医学研究，人在28~30岁时身高最大，35~40岁之后逐渐出现衰减。一般老年人在70岁时身高会比年轻时降低2.5%~3%，女性的缩减有时最大可达6%。老年人体模型的基本尺寸及可操作空间如图2.11和图2.12所示。

3）老年人的室内设计

老年人的室内设计主要包括内部空间设计、细部设计和其他设施设计，下面主要介绍室内空间设计和细部设计。

（1）室内空间设计。

① 室内门厅设计。门厅是老人生活中公共性最小的区域，门厅空间应宽敞，出入方便，具有很好的可达性。门厅设计中应考虑一定的储物、换衣功能，提供穿衣空间和穿衣镜。为了方便老年人换鞋，可以结合鞋柜的功能设置换鞋用的座椅。

② 卧室的设计。由于老年人生理机能衰退、免疫力下降，一般都很怕冷，容易感染疾病，因此，老人的卧室应具有良好的日照和通风，并在有条件的情况下考虑冬季供暖。老年人身体不适的情况时有发生，因此，居室不宜太小，应考虑到腿脚不便的老年人轮椅进出和上下床的方便。床边应考虑护理人员的操作空间和轮椅的回转空间，一般都应至少留宽1500mm。老年人出于怀旧和爱惜的心理，对惯用的老物品不舍得丢弃，卧室应该为其提供一定的储藏空间（见图2.13）。

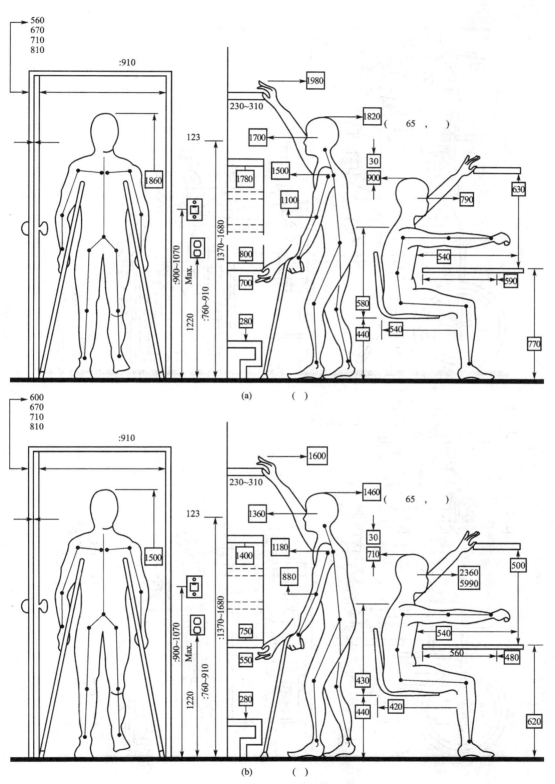

图 2.11 老年人人体尺度空间(mm)

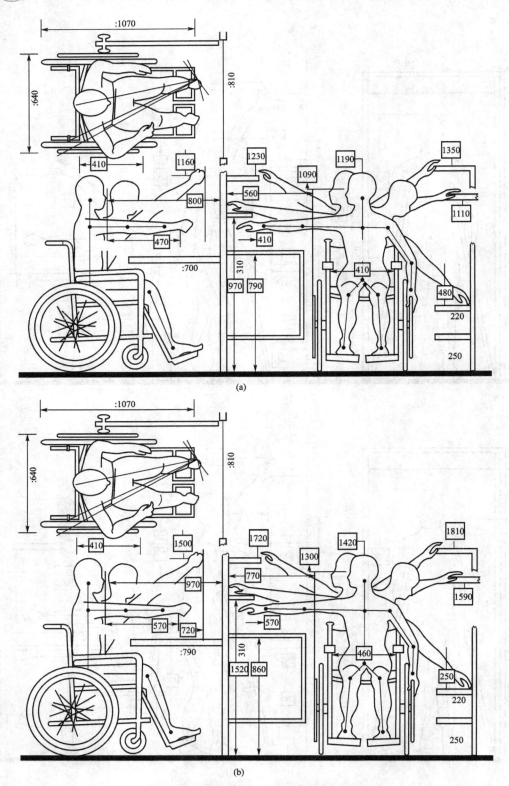

图 2.12 坐轮椅老年人人体尺度空间(mm)

图 2.13 老年人卧室设计

③ 客厅、餐厅的设计。客厅、餐厅是全家团聚的中心场所。老年人一天中的大部分时间是在这里度过的。应充分考虑客厅、餐厅的空间、家具、照明、冷暖空调等因素(见图 2.14)。

图 2.14 老年人客厅设计

④ 厨房的设计。一般来说,老年人使用的厨房要有足够大的空间供老年人回转。老年人因为生理上的原因,在尺寸上有特殊要求,不仅厨房的操作台、厨具及安全设备需特别考虑,还应考虑老年人坐轮椅通行方便及必要的安全措施(见图 2.15)。

图 2.15 老年人厨房设计

a. 操作台。老年人厨房操作台的高度较普通住宅低，以750~850mm为宜，深度最好为500mm。操作面应紧凑，尽量缩短操作流程。灶具顶面高度最好与操作台高度齐平，这样只要将锅等炊具横向移动就可以方便地进行操作了。操作台前宜平整，不应有突出，并采用圆角收边。操作台前需有1200mm的回转空间，如考虑使用轮椅则需1500mm以上。对行动不便的老年人来说，厨房里需要一些扶手，方便老年人的支撑。在洗涤池、灶具等台面工作区应留有足够的容膝空间，高度不小于600mm。若难以留设，还可考虑拉出式的活动工作台面。由于老年人的视觉发生衰退，他们对于光线的照度要求比年轻人高2~3倍，因此操作台面应尽量靠近窗户，在夜间也要有足够的照明，并防止不良的阴影区，以保证老年人操作的安全与方便。

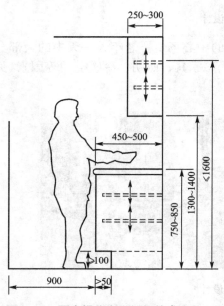

图2.16　厨房操作台及橱柜的高度(mm)

b. 厨具存放。对老年人来说，低柜比吊柜好用。经常使用的厨具存放空间应尽可能设置在离地面700~1360mm间，最高存放空间的高度不宜超过1500mm。如利用操作台下方的空间时，宜设置在400~600mm之间，并以存放较大物品为宜，400mm以下只能放置不常用的物品，以避免经常弯腰(见图2.16)。操作台上方的柜门应注意避免打开时碰到老人头部或影响操作台的使用，所以操作台上方的柜子深度宜在操作台深度的1/2以内(250~300mm)。

c. 安全设施。安全的厨房对于老年人来说应当是第一位的。无论使用煤气或电子灶具均应设安全装置，煤气灶应安装燃气泄漏自动报警和安全保护装置。另外，厨房应利用自然通风加机械设备排除油烟，还应考虑采用自动火警探测设备或灭火器，以防油燃和灶具起火。装修材料也应注意防火和便于老年人打扫，地面避免使用光滑的材料。

⑤ 卫生间的设计。老年人夜间上厕所的次数随着年龄而增加，因此卫生间最好靠近卧室和起居空间，方便使用。供老年人使用的卫生间面积通常应比普通的大些。这是由于许多老年人沐浴需别人帮助，因此卫生间浴缸旁不仅应有900mm×1100mm的活动空间供老年人更换衣服，还要有足够的面积，以容纳帮助的人。卫生间的地面应避免高差，不可以有门槛。如果老年人使用轮椅，卫生间面积还应考虑轮椅的通行，并且门的宽度应大于900mm。

老年人对温度变化的适应能力较差，在冬天洗澡时冷暖的变化对身体刺激较大而且有危险，所以必须设置供暖设备并加上保护罩以避免烫伤。老年人在夜间上厕所时，明暗相差过大会引起目眩，所以室内最好采用可调节的灯具或两盏不同亮度的灯，开关的位置不宜太高或太低，要适合老年使用者的需求。

卫生间是老年人事故的多发地，为防止老年人滑倒，浴室内的地面应采用防滑材料，浴缸外铺设防滑垫。浴缸的长度不小于1500mm，可让老年人坐下伸腿。浴缸不得高出卫生间地面380mm，浴缸内深度不得大于420mm，以便老人安全出入。浴缸内应有平坦防滑槽，浴缸上方应设扶手及支撑，浴缸内还可设辅助设施。对于能够自行行走或借助拐杖的老年人，可以在浴缸较宽一侧加上坐台，供老人坐浴或放置洗涤用品。对于使用轮椅的老年人，应当在入浴一侧加一过渡台，过渡台和轮椅及浴缸的高度应一致，过渡台下应留有空间让轮椅接近。当仅设淋浴不设浴缸时，淋浴间内应设坐板或座椅。

老年人使用的卫生间内宜设置坐式便器，并靠近浴盆布置，这样当老年人在向浴缸内冲水时，也可作为休息座位。考虑到老年人坐下时双脚比较吃力，座便器高度应不低于430mm，其旁应设支撑。乘轮椅的老人使用的座便器坐高应为760mm，其前方必须有900mm×1350mm的活动空间，以容轮椅回转(见图2.17)

老年人用的洗脸盆一般比正常人低，高度在800mm左右，前面必须有900mm×1000mm的空间，其上方应设有镜子。坐轮椅的老年人使用的洗脸盆，其下方要留有空间让轮椅靠近。洗脸盆应安装牢固，能承受老人无力时靠在上面的压力。

⑥ 储藏间的设计。老年人保存的杂物和旧物品较多，需要在居室内设宽敞些的储藏空间。储藏空间多为壁柜式，深度在450～600mm之间，搁板高度应可调整，最高一层搁板应低于1600mm，最低一层搁板应高于600mm(见图2.18)。

图2.17　老年人卫生间设计

图2.18　储藏柜的高度(mm)

⑦ 楼梯。老人居室中的楼梯不宜采用弧形楼梯，不应使用不等宽的斜踏步或曲线踏步。楼梯坡度应比一般的缓和，每一步踏步的高度不应高于150mm，宽度宜大于280mm，每一梯段的踏步数不宜大于14步。踏步面两侧应设侧板，以防止拐杖滑出。踏面还应设对比色明显的防滑条，可选用橡胶、聚氯乙烯等，金属制品易打滑，不应采用。

(2) 室内细部设计。

① 扶手。由于老年人体力衰退，在行路、登高、坐立等日常生活起居方面都与精力充沛的中青年人不同，需要在室内空间中提供一些支撑依靠的扶手。扶手通常在楼梯、走廊、浴室等处设置，不同使用功能的空间里，扶手的材质和形式还略有区别，如浴室内的扶手及支撑应为不锈钢材质，直径18～25mm。而楼梯和走廊宜设置双重高度的扶手，上层安装高度为850～900mm，下层扶手高度为650～700mm。下层扶手是给身材矮小或不能直立的老年人、儿童及轮椅使用者使用的。扶手在平台处应保持连续，结束处应超出楼梯段300mm以上，末端应伸向墙面，宽度以30～40mm为宜，扶手的材料宜用手感好、不冰手、不打滑的材料，木质扶手最适宜。为方便有视觉障碍的老年人使用，在过道走廊

转弯处的扶手或在扶手的端部都应有明显的暗示，以表明扶手结束，当然也可以贴上盲文提示等（见图2.19）。

 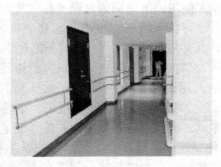

图2.19　适合老年人的扶手设计

② 水龙头。为保证老年人使用的方便，水龙头开关宜采用推或压的方式。若为旋转方式，则需为长度超过100mm的长臂杠杆开关。冷热水要用颜色加以区分。有条件的情况下，还可以采用光电控制的自动水龙头或限流自闭式水龙头。

③ 电器开关及插座。为了便于老年人使用，灯具开关应选用大键面板，电器插座回路的开关应有漏电保护功能。

④ 门的处理。老年人居住空间的门必须保证易开易关，并便于使用轮椅或其他助行器械的老年人通过，不应设有门槛，高差不可避免时应采用不超过1/4坡度的斜坡来处理。门的净宽在私人居室中不应小于800mm，在公共空间中门的宽度均不应小于850mm。门扇的质量宜轻并且容易开启。公共场所的房门不应采用全玻璃门，以免老年人使用器械行走时碰坏玻璃，同时也应避免使用旋转门和弹簧门，宜使用平开门、推拉门。

⑤ 窗的处理。老年人卧室的窗口要低，甚至可低到离地面300mm。窗的构造要易于操作并且安全，窗台的宽度宜适当的增加，一般不应小于250～300mm，以便放置花盆等物品或扶靠观景。矮窗台里侧均应设置不妨碍视线的高900～1000mm的安全防护栏杆，使老人有安全感。

⑥ 地面的处理。老年人居室的地面应平坦、防滑、尽量避免室内外过渡空间的高差变化，出入口有高差时，宜采用坡道相连。地面材料应选择有弹性、不变形、摩擦力大而且在潮湿的情况下也不打滑的材料。一般来说，不上腊木地板、满铺地毯、防滑面砖等都是可以选择的材料。

⑦ 光源的处理。老人的卧室、起居室、活动室都应尽可能使用自然光线，人工光环境设计则应按基础照明与装饰照明相结合的方案来进行设计。

⑧ 声响的处理。在老年人室内设计中，一些声控信号装置，如门铃、电话、报警装置等都应调节到比正常使用时更响一些。当然，由于室内声响增大，相互间的干扰影响也会增加，因此，卧室、起居室的隔墙应具有良好的隔声性能，不能因为，老年人容易耳聋而忽视了这些细节。

2. 儿童室内设计

儿童的生理特征、心理特征和活动特征都与成年人不同，因而儿童的室内空间是一个有别于成年人的特殊生活环境。在儿童的成长过程中，生活环境至关重要，不同的生活环境给对儿童个性的形成带来不同的影响。为了便于研究和实际工作的需要，在这里根据儿童身心发展过程，结合室内设计的特点，综合地进行阶段划分，把儿童期划分为：婴儿期（3岁以前）、幼儿期（3～6、7岁）和童年期（6、7～11、12岁）。由于12岁以上的青少年其行为方式与人体尺度可以参照成年人标准，因此这里不作讨论。进行这样的划分，只是便于设计师了解儿童成长历程中不同阶段的典型心理和行为特征，充分考虑儿童的特殊性，有针对性地进行儿童室内空间的设计创作，设计出匠心独具、多姿多彩的儿童室内空间，给儿童创造一个健康成长的良好生活环境。

1) 儿童的人体尺度

为了创造适合儿童使用的室内空间，首先必须使设计符合儿童体格发育的特征，适应儿童人类工程学的要求。因此，儿童的人体尺度成为设计中的主要参考依据。我国自1975年起，每隔10年就对九市城郊儿童体格发育进行一次调查、研究，提供中国儿童的生长参照标准。综合现有的儿童人体测量数据与统计资料，我们总结了儿童的基本人体尺度，可作为现阶段儿童室内设计的参考依据（见图2.20、图2.21）。

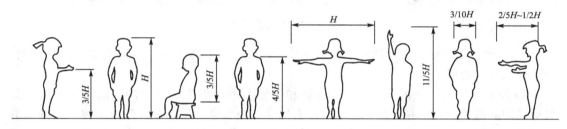

图2.20　幼儿人体尺度(3～6岁)

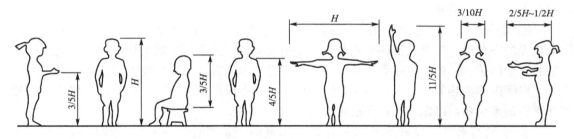

图2.21　儿童人体尺度(7～12岁)

2) 儿童的室内设计

儿童室内空间是孩子成长的主要生活空间之一，科学合理地设计儿童室内空间，对培养儿童健康成长、养成独立生活能力、启迪儿童的智慧具有十分重要的意义。合理的布局、环保的选材、安全周到的考虑，是每个设计师需要认真思考的内容。

（1）婴儿的室内设计。婴儿期是指从出生到3岁这一段时间。婴儿躯体的特点是头大、身长、四肢短，因此不仅外貌看来不匀称，也给活动带来很多不便。刚出生的婴儿在视觉上没有定形，对外界也没有太大的注意力，他们喜欢红、蓝、白等大胆的颜色及醒目的造型，柔和的色彩和模糊的造型不易引起他们的注意，色彩和造型比较夸张的空间更适合婴儿。由于婴儿需要充足的睡眠，所以只有为他们布置一个安全、安静、舒适、少干扰的空间，才能使他们不被周围环境所影响。幼小的婴儿在操作方面的能力还很弱，他们喜欢注意靠近的、会动的、有着鲜艳色彩和声响的东西，他们需要一个有适当刺激的环境。例如，把形状有趣的玩具或是音乐风铃悬挂在孩子的摇床上方，可刺激孩子的视觉、听觉感官（见图2.22）。

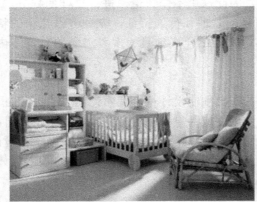

图2.22 婴儿房设计

① 位置。由于婴儿的一切活动全依赖父母，设计时要考虑将婴儿室紧邻父母的房间，保证他们便于被照顾。

② 家具。对婴儿来说，一个充满温馨和母爱的围栏小床是必要的，同时配上可供父母哺乳的舒适椅子和一张齐腰、可移动、有抽屉的换装桌（以便存放尿布、擦巾和其他清洁用品）。另外，还需要抽屉柜和橱柜放置孩子的衣物，用架子或大箱子来摆玩具。橱柜的门在设计时应安装上自闭装置，以免在未关闭时，婴儿爬入柜内，如果这时有风吹来把门关上，会造成婴儿窒息。

③ 安全问题。婴儿大多数时间喜欢在地上爬行，必须在设计中重新检查婴儿室及居家摆设的安全性。为避免活蹦乱跳的宝宝碰撞到桌脚、床角等尖锐的地方，应在这些地方加装安全的护套。为安全起见，婴儿室内的所有电源插座，都应该安上防止儿童触摸的罩子，房间内的散热器也要安装防护装置。楼梯、厨房或浴室等空间的出入口应置放阻挡婴儿通行的障碍物，以保证他们无法进入这些危险场地。

④ 采光与通风。良好的通风采光是婴儿室的必备要件。房间的光线应当柔和，不要让太强烈的灯光或阳光直接刺激婴儿的眼睛，常用的防护物有布帘、卷帘、百叶窗等。另外还须考虑婴儿室内空气的流通及温湿度的控制，有需要时应安装适当的空气及温度调节设备。最佳的室温为25~26℃，应避免太冷或太热让婴儿感觉不舒服而导致睡不安宁。

（2）幼儿的室内设计。3岁以后的孩子就开始进入幼儿期了，他们的身体各部分器官发育非常迅速，肌体代谢旺盛，消耗较多，需要大量的新鲜空气和阳光，这些条件对幼儿血液循环、呼吸、新陈代谢都是必不可少的。幼儿对安全的需要是首位的，幼儿的安全感不仅形成于成年人给予的温暖、照顾和支持，更形成于明确的空间秩序和空间行为限制。幼儿还要求个人不受干扰、不妨碍自己的独处和私密性，他们不喜欢别人动他的东西，喜欢可以轻松、随意活动的空间（见图2.23）。

① 卧室的设计。卧室的设计主要考虑以下几个方面内容：

图 2.23 幼儿房的设计

　　a. 位置。为方便照顾并在发生状况时能就近处理，幼儿的房间最好能紧邻主卧室，最好不要位于楼上，以避免刚学会走路的幼儿在楼梯间爬上爬下而发生意外。

　　b. 家具设计。幼儿卧室的家具应考虑使用的安全和方便，家具的高低要适合幼儿的身高，摆放要平稳坚固。并尽量靠墙壁摆放，以扩大活动空间。尺寸按比例缩小的家具、伸手可及的搁物架和茶几能给他们控制一切的感觉，满足他们模仿成年人世界的欲望。总之，幼儿家具应以组合式、多功能、趣味性为特色，讲究功能布局，造型要不拘常规。设计不要太复杂，应以容易调整、变化为指导思想，为孩子营造一个有利于身心健康的空间。

　　c. 安全问题。出于对幼儿安全的考虑，幼儿的床不可以紧邻窗户，以免发生意外。床最好靠墙摆放，既可给孩子心理上的安全感，又能防止幼儿摔下床。当孩子会走后，为避免他到处碰伤，桌角及橱角等尖锐的地方应采用圆角的设计。

　　d. 采光与通风。幼儿大部分活动时间都在房里，看图画书、玩玩具或做游戏等，因此孩子的房间一定要选择朝南向阳的房间。新鲜的空气、充足的阳光，以及适宜的室温，对孩子的身心健康大有帮助。

　　② 游戏室的设计。对学龄前的幼儿来说，玩耍的地方是生活中不能缺少的部分。游戏室的设计主要强调启发性，用以启发幼儿的思维，所以其空间设计必须具有启发性，让他们能在空间中自由活动、游戏、学习，培养其丰富的想象力和创造力，让幼儿充分发展他们的天性。

　　③ 玩具储藏空间的设计。玩具在幼儿生活中扮演了极重要的角色，玩具储藏空间的设计也颇有讲究。设计一个开放式的位置较低的架子、大筐或在房间的一面墙上制作一个类似书架的大格子，可便于孩子随手拿到。将属性不同的玩具放入不同的空间，也便于家长整理。经过精心设计的储藏箱不仅有助于玩具分类，更可让整个房间看起来整齐、干净。

　　④ 幼儿园室内的设计。幼儿园设计中宜使用幼儿熟悉的形式，采用幼儿适宜的尺度，根据幼儿好奇、兴趣不稳定等心理，对设计元素进行大小、数量、位置的不断变化，加上细部的处理和色彩的变幻，使室内空间生动活泼，使幼儿感到亲切温暖（见图 2.24）。幼儿园室内的设计具体包括以下两方面：

　　a. 活动空间的设计。游戏是最符合幼儿心理特点、认知水平和活动能力，最能有效地满足幼儿需要，促进幼儿发展的活动。幼儿园室内空间设计最重要的就是要塑造有趣而富有变化的活动空间，让幼儿在游戏中学习和成长。

图 2.24 幼儿园的设计

幼儿充满了对世界的好奇和对父母的依恋，他们比成年人更需要体贴和温暖，需要关怀和尊重。通过室内环境的设计，创造一种轻松的、活泼的、富有生活气息的环境气氛，以增加环境的亲和力。从墙壁、天花吊顶到家具设备都成为充满家庭气氛与趣味、色彩丰富的室内空间元素，使空间显得更加亲切、愉快、活泼与自由。

b. 储藏空间的设计。幼儿园内的储藏空间主要包括玩具储藏、衣帽储藏、教具储藏与图书储藏空间。

由于幼儿的游戏自由度、随意性较大，所以需要为幼儿精心设计一些玩具储藏空间，使幼儿可以根据意愿和需要，自由选择玩具，灵活使用玩具，同时根据自己的能力水平、兴趣爱好选择不同的游戏内容。无论是独立式还是组合式玩具柜，都要便于儿童直接取用，高度不宜大于 1200mm，深度不宜超过 300mm（幼儿前臂加手长），出于安全考虑，不允许采用玻璃门。

衣帽柜的尺寸应符合幼儿和教师使用要求，并方便存取，可以是独立式的，也可以是组合式的，高度不超过 1800mm，其中 1200mm 以下的部分能满足幼儿的使用要求，1200mm 以上的部分则由老师存取。

教具柜是供存放教具和幼儿作业用的，其高度不宜大于 1800mm，上部可供教师用，下部则便于幼儿自取。图书储藏空间供放置幼儿书籍，以开敞式为主，图书架的高度为满足幼儿取阅的方便，高度不宜大于 1200mm。

(3) 童年期儿童的室内设计。童年期从 6~12 岁，这一段时期包括了儿童的整个小学阶段。整个童年期是儿童从以具体形象性思维为主要形式逐步过渡到以抽象逻辑思维为主要形式的时期。这时候孩子的房间不单是自己活动、做功课的地方，最好还可以用来接待同学共同学习和玩耍。简单、平面的连续图案已无法满足他们的需求，特殊造型的立体家具会受到他们的喜爱（见图 2.25）。

① 儿童居室的设计。让儿童拥有自己的房间，将有助于培养他们的独立生活能力。专家认为，儿童一旦拥有自己的房间，就会对家更有归属感，更有自我意识，空间的划分

图 2.25　儿童的室内设计

使儿童更自立。

在儿童房的设计中由于每个小孩的个性、喜好有所不同,对房间的摆设要求也会各有差异。因此,在设计时,应了解其喜好与需求,并让孩子共同参加设计、布置自己的房间,同时要根据不同孩子的性格特征加以引导。

② 儿童教室的室内设计。教室的室内空间在少年儿童心中是学习生活的一种有形象征,设计要体现活泼轻快但又不轻浮,端庄稳重却又不呆板,丰富多变却又不杂乱的整体效果。这一阶段的儿童思维发展迅速,因此教室不仅要有各种空间供儿童游戏,更需要有一个庄重宁静的空间让儿童安静地思考、探索,发展他们的思维(见图 2.26)。

图 2.26　国外儿童教室的室内设计

3) 儿童室内的细部设计

安全性是儿童室内空间设计的首要问题。在设计时,需处处费心,预防他们受到意外伤害。

(1) 门。门的构造应安全并方便开启,设计时要做一些防止夹手的处理。为了便于儿童观察门外的情况,可以在门上设置钢化玻璃的观察窗口,其设置的高度,考虑到儿童与成人共同使用需要,以距离地面 750mm,高度为 1000mm 为宜。此外,我们通常把门把手安装在 900~1000mm 的范围内,以保证儿童和成人都能使用方便。由于儿童活泼好动,动作幅度较大,尤其是在游戏中更容易忽略身边存在的危险,常常会发生摔倒、碰撞在玻璃门上的事故并带来伤害,所以在儿童的生活空间里,应尽量避免使用大面积的易碎玻璃门。

(2)阳台与窗。由于儿童的身体重心偏高，很容易从窗台、阳台上翻身掉下去，所以在儿童居室的选择上，应选择不带阳台的居室，或在阳台上设置高度不小于1200mm的栏杆，同时栏杆还应做成儿童不便攀爬的形式。窗的设置首先应满足室内有充足的采光、通风要求，同时，为保证儿童视线不被遮挡，避免产生封闭感，窗台距地面高度不宜大于700mm。高层住宅在窗户上加设高度在600mm以上的栅栏，以防止儿童在玩耍时，把窗帘后面当成躲藏的场所，不慎从窗户跌落。窗下不宜放置家具，卫生间里的浴缸也不要靠窗设置，以免儿童攀援而发生危险。公共建筑内儿童专用空间的窗户1200mm以下宜设固定窗，避免打开时碰伤儿童。

窗帘最好采用儿童够不到的短绳拉帘，长度超过300mm的细绳或延长线，必须卷起绑高，以免婴幼儿不小心绊倒或当作玩具拿来缠绕自己脖子导致窒息。

(3)楼梯。对儿童来说，上下楼梯时需要较低的扶手，一般会尽可能设置高低两层扶手。扶手下面的栏杆柱间隔应保持在80～100mm之间，以防幼儿从栏缝间跌下或头部卡住。

儿童喜欢在楼梯上玩耍，扶手下面的横挡有时会被当作脚蹬，蹬越上去会发生坠楼的危险，故不应采用水平栏杆。儿童使用的公共空间内，不宜有楼梯井，以避免儿童发生坠落事故。

(4)电器开关和插座。非儿童使用的电源开关、插座及其他设备要安在儿童不易够到的地方，设置高度宜在1400mm以上；近地面的电源插座要隐蔽好，挑选安全插座，即拔下插头，电源孔自动闭合，防止儿童触电。总开关盒中应安装"触电保护器"。

(5)界面的处理。

① 地面。在儿童生活的空间里，地面的材质都必须有温暖的触感，并且能够适应孩子从婴幼期到儿童期的成长需要。

儿童室内空间的铺地材料必须能够便于清洁，不能够有凹凸不平的花纹、接缝，因为任何不小心掉入这些凹下去的接缝中的小东西都可能成为孩子潜在的威胁，而这些凹凸花纹及缝隙也容易绊倒蹒跚学步的孩子，所以地面保持光滑平整很重要。大理石、花岗石和水泥地面等由于质地坚硬，易造成婴儿磨伤、撞伤，一般不宜采用；易生尘螨、清洗不便的地毯也不宜作为儿童生活空间的地面装饰材料。对于儿童来说，天然的实木地板是最好的选择(应配以无铅油漆涂饰，并且充分考虑地面的防滑性能)，这样的地面易擦洗、透气性好，能极好地调节室内的温度和湿度，而且软硬度适中，能有效地避免儿童因跌倒而摔伤，或在玩耍时摔坏物品。

② 顶面。根据孩子天真活泼的特点，儿童室内空间内可以考虑做一些造型吊顶，让孩子拥有一片属于自己的梦幻天空。顶面材料可选用石膏板，因为石膏板有吸潮功能、保暖性好，能起到一定的调节屋内湿度的作用。

③ 墙面。墙面选用的材料应坚固、耐久、无光泽、易擦洗。幼儿喜欢在墙面随意涂鸦，可以在其活动区域的墙面上挂一块白板或软木板，让孩子有一处可随性涂鸦、自由张贴的天地。孩子的照片、美术作品或手工作品，也可利用展示板或在墙角加层板架摆设，既满足孩子的成就感，又达到了趣味展示的作用。因此，在设计时应预留墙面的展示空间，充分发掘儿童的想象力和创造力。对于儿童室内空间来说，可清洗的涂料和墙纸是最适合的材料，最好选用一些高档环保涂料，颜色鲜艳，无毒无害，可擦洗，而且容易改装。

(6) 家具的处理。为了保证儿童的安全，家具的外形应无尖棱、锐角，边角最好修成触感较好的圆角，以免儿童在活动中碰撞受伤。家具材料以实木、塑料为好，玻璃、镜面不宜用在儿童家具上。尽量不要选用有尖锐棱角的金属家具和胶合板类家具，应该多选用实木家具(见图2.27)。

图 2.27　国外儿童家具设计

儿童家具的结构要力求简单、牢固、稳定。儿童好奇、好动，家具很可能成为儿童玩耍的对象，组装式家具中的螺栓、螺钉要接合牢靠，以防止儿童自己动手拆装。折叠桌、椅或运动器械上应设置保护装置，以避免儿童在搬动、碰撞时出现夹伤。

儿童家具的选择主要有以下几个方面：

① 床。婴儿床要牢固、稳定，四周要有床栏，其高度应达到孩子身高的2/3以上。栏杆之间的空隙不超过60mm，并在床的两侧放置护垫，以避免婴儿不慎翻落床外或身体卡进床栏中。床栏上应有固定的插销，安置在婴儿手伸不到之处。床架的接缝处应设计为圆角，以免刺伤婴儿。床的涂料必须无铅、无毒且不易脱落，不会使婴儿在啃咬时中毒。

儿童床的尺寸应采用大人床的尺寸，即长度要满足2000mm，宽度则不宜小于1200mm。儿童使用的床垫宜设计成较硬的结构，或者干脆使用硬板，这对孩子的背骨发育有好处。床的形式根据居室的大小有不同的设计，不同的组合方式占据的空间大小就不一样。如将床做在上面，下面做书桌，或将床下面做成衣柜，既可以节省空间，又能扩大儿童居室的活动区域(见图2.28)。

图 2.28　意大利儿童家具设计

② 书桌和椅子。对于幼儿来说，家具要轻巧，便于他们搬动，尤其是椅子。为适应幼儿的体力，椅子的质量应小于幼儿体重的 1/10，为 1.5～2kg。

儿童桌椅的设计以简单为好，高度与大小应根据儿童的人体尺度、使用特点及不同年龄儿童的正确坐姿等确定所需尺寸。除了根据实际的使用情况度身定制外，使用高度可调节的桌椅也是一个经济实用且有利于儿童健康的选择，同时还可以配合儿童急速变化的高度，延长家具的使用时间，节约费用(见图 2.29)。

图 2.29　儿童桌椅设计

③ 储物柜。储物柜的高度应适合孩子身高。沉重的大抽屉不适合孩子使用，最好选用轻巧便捷的浅抽屉柜。

(7) 软装饰的处理。通过变换居室内织物与装饰品的方法，可以使儿童居室和家具变得历久常新。织物的色泽要鲜明、亮丽，装饰图案应以儿童喜爱的动物图案、卡通形象、动感曲线图案等为主，以适应儿童活泼的天性，创造具有儿童特色的个性空间。形形色色的鲜艳色彩和生动活泼的布艺，会使儿童居室充满特色。

儿童使用的床单、被褥以天然材料棉织品、毛织品为宜，这类织物对儿童的健康较为有益，而化纤产品，尤其是毛多、易掉毛的产品，会使儿童因吸入较多的化纤、细毛而导致咳嗽或过敏性鼻炎。

(8) 灯光的处理。

① 婴儿室的特殊照明。婴儿室的设计要格外注意夜间照明的问题。由于婴儿容易在夜间哭闹，家长们常需在两间房间中奔波，所以照明设计相当重要。房间内最好具备直接式与间接式光源，父母可依其需要打开适合的灯光，婴儿也不会因灯光太强或太弱而感到不舒服。

② 儿童房的照明。儿童房内应有充足的照明。合适且充足的照明，能让房间温暖、有安全感，有助于消除儿童独处时的恐惧感。除整体照明之外，床头须置一盏亮度足够的灯，以满足大一点的孩子在入睡前翻阅读物的需求；同时备一盏低照度、夜间长明的灯，防止孩子起夜时撞倒；在书桌前则必须有一个足够亮的光源，这样会有益于孩子游戏、阅读、画画或其他活动。此外，正确地选用灯具及光源，对儿童的视力健康十分重要。如接近自然光的白炽灯、黄色日光灯比银色日光灯好，可调节光亮度、角度、高低的灯具也大大方便了使用，可根据不同的需要加以调节。

③ 学习区域的照明。学习区域的照明尤其要注意整体照明与局部照明的合理设计。人的眼睛不只注视桌上，也会看四周，所以明暗的差别不能太大。通常学习区域的整体

照明强度在 100 勒[克斯]（照度的单位）以上，最理想则在 200 勒[克斯]以上。桌面台灯的亮度在小学到中学期间需要 300 勒[克斯]以上，高中到大学期间，因为文字较小，故需要 500 勒[克斯]以上。用室内整体的照明来取得这种亮度是很不经济的，所以应采用局部重点照明来进行补充。如果台灯的亮度有 300 勒[克斯]，整体照明有 100 勒[克斯]，那么桌上的亮度就有 400 勒[克斯]，可以为学习提供一个良好的照明环境。学习用的台灯最好灯罩内层为白色，外层是绿色，这样可以较好地解决照明与视力之间的矛盾。

3. 残疾人室内设计

如果我们仔细观察身边的日常生活，便会发现不少建筑的内部空间都存在这样或那样的问题，如窗开关够不着、储藏架太高、楼梯转弯抹角、找不到电器开关、电插座位置不当、门把手握不住、厕位太低……这些问题对于健康人而言可能仅仅带来一些麻烦，但对于残疾人而言就可能是个挫折，有时甚至对他们的安全构成了直接的威胁。因此，消除和减轻室内环境中的种种障碍就成为研究"残疾人室内设计"的主要目的。

1）各类功能障碍的残疾人对室内环境的要求

根据残疾人伤残情况的不同，室内环境对残疾人的生活及活动构成的障碍主要包括以下三大类型：

（1）行动障碍。残疾人因为身体器官的一部分或几部分残缺，使得其肢体活动存在不同程度的障碍。因此，室内设计能否确保残疾人在水平方向和垂直方向的行动（包括行走及辅助器具的运用等）都能自由而安全，就成为残疾人室内设计的主要内容之一。通常，在这方面碰到困难最多的肢体残疾人有：

① 轮椅使用者。

② 步行困难者。步行困难者是指那些行走起来困难或者有危险的人，他们行走时需要依靠拐杖、平衡器、连接装置或其他辅助装置。

③ 上肢残疾者。上肢残疾者是指一只手或者两只手以及手臂功能有障碍的人。

除了肢体残疾人之外，视力残疾者由于其视觉感知能力的缺失导致在行动上同样面临很多障碍。

（2）定位障碍。视觉残疾、听力残疾及智力残疾中的弱智或某种辨识障碍都会导致残疾人缺乏或丧失方向感、空间感或辨认房间名称和指示牌的能力。

（3）交换信息障碍。这一类障碍主要出现在听觉和语言障碍的人群中。完全丧失听觉的人为数不多，除了在噪声很大的情况下，大多数听觉和语言障碍者利用辅助手段就可以听见声音，此外还可以通过手语或文字等辅助手段进行信息传递。

2）残疾人的人体尺度

残疾人的人体尺度和活动空间是残疾人室内设计的主要依据。在过去的建筑设计和室内设计中，都是依据健全成年人的使用需要和人体尺度为标准来确定人的活动模式和活动空间，其中许多数据都不适合残疾人使用，所以室内设计师还应该了解残疾人的尺度，全方位考虑不同人的行为特点、人体尺度和活动空间，真正遵循"以人为本"的设计原则。

在我国，1989 年 7 月 1 日开始实施的国家标准《中国成年人人体尺寸》（GB 1000—1988）

中没有关于残疾人的人体测量数据,所以目前仍需借鉴国外资料,在使用时根据中国人的特征对尺度作适当的调整。由于日本人的人体尺度与我国比较接近,所以这里将主要参考日本的人体测量数据对我国残疾人人体尺度和活动空间提出建议(见表2-4,图2.30～图2.32)。

表2-4 健全人与残疾人尺度比较(男性)

类别	身高(mm)	正面宽(mm)	侧面宽(mm)	眼高(mm)	水平移动(m/s)	旋转180°(mm)	垂直移动(台阶踢面高度)(mm)
健全成人	1700	450	300	1600	1	600×600	150～200
乘轮椅的人	1200	650～700	1100～1300	1100	1.5～2.0	φ1500	20
拄双拐的人	1600	900～1200	600～700	1500	0.7～1.0	φ1200	100～150
拄盲杖的人	1700	600～1000	700～900	1600	0.7～1.0	φ1500	150～200

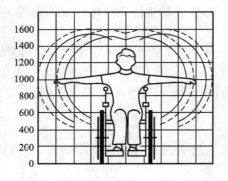
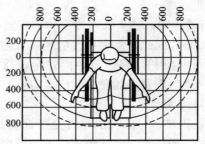
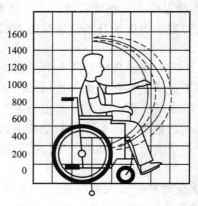

图2.30 轮椅使用者上肢可及范围(mm)

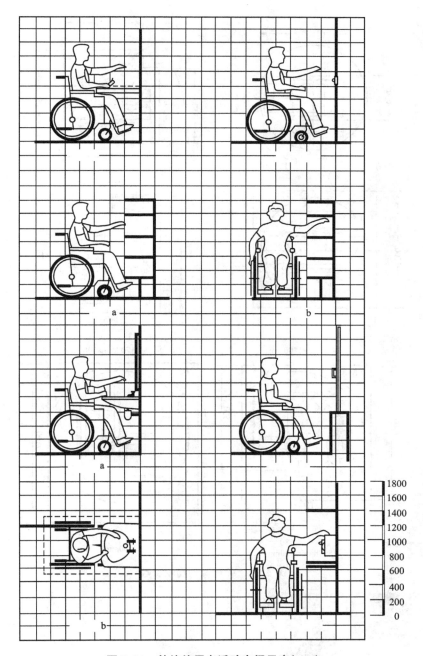

图 2.31 轮椅使用者活动空间尺度(mm)

3）无障碍设计

（1）室内常用空间的无障碍设计。建筑中的空间类型变化多端，但是有些功能空间是最基本的，在不同类型的建筑中都会存在，这些室内空间的无障碍设计是室内设计师需要认真考虑的。由于使用轮椅在移动时需要占用更多的空间，因此这里所涉及的残疾人室内设计的基本尺度参数以轮椅使用者为基准，这个数值对于其他残疾人的使用一般也是有效的（见图 2.33）。

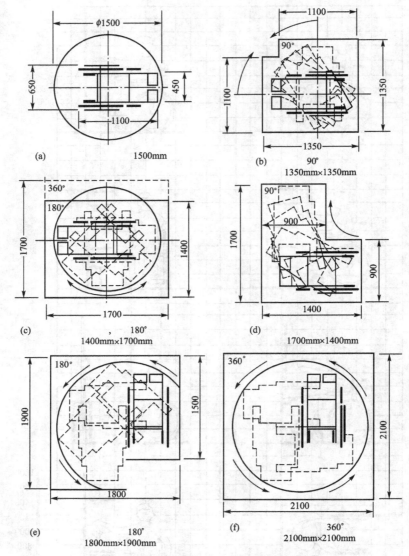

图 2.32 轮椅移动面积参数

(a) 无障碍通道

(b) 无障碍护栏

图 2.33 无障碍设计

① 出入口。出入口的设计主要包括以下几方面：

a. 公共建筑入口大厅。当残疾人由入口进入大厅时，应该保证他们能够看到建筑物内的主要部分及电梯、自动扶梯和楼梯等位置，设计时应充分考虑如何使残疾人更容易地到达垂直交通的联系部分，使他们能够快速地辨认自己所处的位置并对去往目的地的途径进行选择和判断。这些设计包括以下四点：

（a）出入口。供残疾人进出建筑物的出入口应该是主要出入口。对于整个建筑物来说，包括应急出入口在内的所有出入口都应该能让残疾人使用。出入口的有效净宽应该在800mm以上，小于这个尺度的出入口不利于轮椅通过。坐轮椅者开关或通过大门的时候，需要在门的前后左右留有一定的平坦地面。

（b）轮椅换乘、停放。轮椅分室外用和室内用（各部分的尺寸都较小，可以通过狭小的空间）两种。在国外，有些公共建筑需要在进入室内后换车。换车时，需要考虑两辆车的回转空间和扶手等必备设施。

（c）入口大厅指示。入口大厅的指示非常重要，因此服务问讯台应设置在明显的位置，并且应该为视觉障碍者提供可以直接到达的盲道等诱导设施。在建筑物内设置明确的指示牌时，要增加标志和指示牌本身自带的照明亮度，使内容更容易读看。此外，指示牌的高度、文字的大小等也应该仔细考虑，精心设计。

（d）邮政信箱、公用电话等。公共建筑入口大厅内的邮政信箱、公用电话等设施，应考虑到残疾人的使用，需要设置在无障碍通行的位置。

b. 住宅出入口空间。住宅出入口空间设计包括以下两点：

（a）户门周围。残疾人居住的住宅入口处要有不小于1500mm×1500mm的轮椅活动面积。在开启户门把手一侧墙面的宽度要达到500mm，以便乘轮椅者靠近门把手将门打开。门口松散搁放的擦鞋垫可能妨碍残疾人，因此擦鞋垫应与地面固结，不凸出地面，以利于手杖、拐杖和轮椅的通行。现在，大多数居住建筑中信箱总是集中设置，但是对于残疾人，尤其是轮椅使用者和行动困难者来说，信箱最好能够设在自家门口，以方便他们取阅。门外近旁还可以设置一个搁板，以供残疾人在开门前暂时搁放物品，这对于手部有残障的病人及其他行动不便的人也是很需要的。门内也可以设一搁板，同样能使日常的活动更加方便。

（b）门厅。门厅是残疾人在户内活动的枢纽地带，除需要配备更衣、换鞋、坐凳外，其净宽要在1500mm以上，在门厅顶部和地面上方200～400mm处要有充足的照明和夜间照明设施。从门厅通向居室、餐厅、厨房、浴室、厕所的地面要平坦、没有高差，而且不要过于光滑。

② 走廊和通道。残疾人居住的室内空间中，走廊和通道应尽可能设计成直交形式。像迷宫一样或者由曲线构成的室内走廊和通道，对于视觉残疾者来说，使用起来将非常困难。同样，在考虑逃生通道的时候，也应尽可能设计成最短、最直接的路线，因为残疾人在发生紧急事件逃生时需要更多外界的帮助。

a. 公共建筑中的走廊和通道。公共建筑中的走廊和通道的设计包括以下三点：

（a）形状。在较长的走廊中，步行困难者、高龄老人需要在中途休息，所以需要设置不影响通行而且可以进行休息的场所。走廊和通道内的柱子、灭火器、消防箱、陈列橱窗等的设置都应该以不影响通行为前提；作为备用而设在墙上的物品，必须在墙壁上设置凹进去的壁龛来放置。另外，还可以考虑局部加宽走廊的宽度，实在无法避免的障碍物前应设置安全护栏。

当在通道屋顶或者墙壁上安装照明设施和标志牌时,应注意不能妨碍通行;当门扇向走廊内开启时,为了不影响通行和避免发生碰撞,应设置凹室,将门设在凹室内,凹室的深度应不小于900mm,长度不小于1300mm。

此外,由于轮椅在走道上行使的速度有时比健全人步行的速度要快,所以为了防止碰撞,需要开阔走廊转弯处的视野,可以将走廊转弯处的阳角墙面作圆弧或者切角处理,这样也便于轮椅车左右转弯,减少对墙面的破坏(见图2.34)。

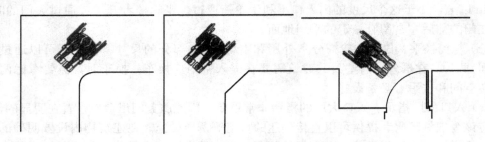

图2.34 走道的处理

(b)宽度。供残疾人使用的公共建筑内部走廊和通道的宽度是按照人流的通行量和轮椅的宽度来决定的。一辆轮椅通行的净宽为900mm,一股人流通行的净宽为550mm,因此,走道的宽度不得小于1200mm,这是供一辆轮椅和一个人侧身而过的最小宽度。当走道宽度为1500mm时,就可以满足一辆轮椅和一个人正面相互通过,还可以让轮椅能够进行180°的回转。如果要能够同时通过两辆轮椅,则走廊宽度需要在1800mm以上,这种情况下,还可以满足一辆轮椅和拄双拐者在对行时对走道宽度的最低要求。因此,大型公共建筑物的走道净宽不得小于1800mm,中型公共建筑走道净宽不应小于1500mm,小型公共建筑的走道净宽不应小于1200mm。

(c)高差。走廊或者通道不应有高差变化,这是因为残疾人不容易注意到地面上的高差变化,会发生绊脚、踏空的危险。即便有时高差不可避免,也需要采用经防滑处理的坡道,以方便残疾人使用。

b.住宅中的走廊。在步行困难者生活的住宅里,内走廊或者通道的最小宽度为900mm;在供轮椅使用者生活的住宅里,走廊或通道的宽度则必须不小于1200mm;走廊两侧的墙壁上应该安装高度为850mm的扶手。面对通道的门,在门把手一侧的墙面宽度不宜小于500mm,以便轮椅靠近将门开启;通道转角处建议做成弧形并在自地面向上高350mm的地方安装护墙板(见图2.35)。

③坡道。建筑物一般都会设有台阶,但是对于乘坐轮椅的人来说,哪怕是一级台阶的高差也会给他们的行动造成极大的障碍。为了避免这一问题,很多建筑物设置了坡道。坡道不仅对于坐轮椅的人适用,而且对于高龄者及推着婴儿车的母亲来说也十分方便。当然,坡道有时也会给正常人和步行困难者的行走带来一些困难和不便,因此建筑中往往台阶与坡道并用。坡道设计主要包括以下四点:

a.坡度。坐轮椅者靠自己的力量沿着坡道上升时需要相当大的腕力。下坡时,变成前倾的姿态,如果不习惯的话,会产生一种恐惧感而无法沿着坡道下降,还会因为速度过快而发生与墙壁的冲撞甚至翻倒的危险。因此,坡道纵断面的坡度最好在1/14(高度和长

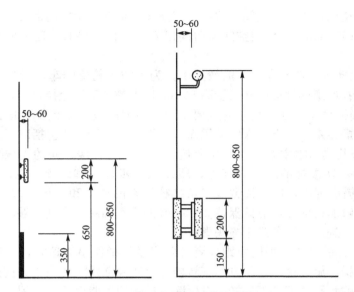

图 2.35　扶手与护墙板的位置(mm)

度之比)以下，一般也应该在 1/12 以下(见图 2.36)。坡道的横断面不宜有坡度，如果有坡度的话，轮椅会偏向低处，给直行带来困难。同样的道理，螺旋形、曲线形的坡道均不利于轮椅通过，应在设计中尽量避免。

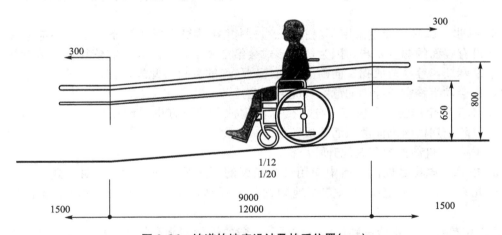

图 2.36　坡道的坡度设计及扶手位置(mm)

b. 坡道净宽。坡道与走廊净宽的确定方法相同。一般来说，坐轮椅的人与使用拐杖的人交叉行走时的净宽应该确保 1500mm。当条件允许或坡道距离较长时，净宽应该达到 1800mm，以便两辆轮椅可以交错行驶。

c. 停留空间。在较长而且坡度较大的坡道上，下坡时的速度不容易控制，有一定的危险性。一般来说，大多数轮椅使用者不是利用刹车来控制速度，而是利用手来进行调节的，手被磨破的情况时有发生。所以，按照无障碍建筑设计规范中对坡度的控制要求，在较长的坡道上每隔 9~10m 就应该设置一处休息用的停留空间。轮椅在坡道途中做回转也是非常困难的事情，在转弯处需要设置水平的停留空间。坡道的上下端也需要设置加速、休息、前方的安全确认等功能空间。这些停留空间必须满足轮椅的回转要求,因此最小尺寸为1500mm×1500mm。当停留空间与房间出入口直接连接时,还需要增加开关门的必要面积。

d. 坡道安全挡台。在没有侧墙的情况下,为了防止轮椅的车轮滑出或步行困难者的拐杖滑落,应该在坡道的地面两侧设置高50mm以上的坡道安全挡台。

④ 楼梯。楼梯是满足垂直交通的重要设施。楼梯的设计不仅要考虑健全人的使用需要,同时更要考虑残疾人和老年人的使用需求。楼梯的设计主要包括以下五点:

a. 位置。公共建筑中主要楼梯的位置应该易于发现,楼梯间的光线要明亮。由于视觉障碍者不容易发现楼梯的起始和终点,所以在踏步起点和终点300mm处,应设置宽400～600mm的提示盲道,告诉视觉残疾者楼梯所在的位置和踏步的起点及终点。另外,如果楼梯下部能够通行的话,应该保持2200mm的净空高度;高度不够时,应在周围设置安全栏杆,阻止人进入,以免产生撞头事故。

b. 形状。楼梯的形式以每层两跑或者三跑直线形梯段最为适宜,应该避免采用单跑式楼梯、弧形楼梯和旋转楼梯。一方面旋转楼梯会使视觉残疾者失去方向感,另一方面其踏步内侧与外侧的水平宽度都不一样,发生踏空危险的可能性很大,因此从无障碍设计角度而言不宜采用。

c. 尺寸。住宅中楼梯的有效幅宽为1200mm,公共建筑中梯段的净宽和休息平台的深度一般不应小于1500mm,以保障拄拐杖的残疾人和健全人对行通过。每步台阶的高度最好在100～160mm之间,宽度在300～350mm之间,连续踏步的宽度和高度必须保持一致。

d. 踏步。踏步的面应采用不易打滑的材料并在前缘设置防滑条。设计中应避免只有踏面而没有踢面的漏空踏步,因为这种形式会给下肢不自由的人们或依靠辅助装置行走的人们带来麻烦,容易造成拐杖向前滑出而摔倒致伤的事故。此外,在楼梯的休息平台中设置踏步也会发生踏空或绊脚的危险,应尽量避免。

e. 踏步安全挡台。和坡道一样,楼梯两侧扶手的下方也需设置高50mm的踏步安全挡台,以防止拐杖向侧面滑出而造成摔伤。

⑤ 电梯、自动扶梯和其他升降设备。

a. 电梯。电梯是现代生活中使用最为频繁的理想垂直通行设施,对于残疾人、老年人和幼儿来说,通过电梯可以方便地到达每一层楼,十分方便。其设计主要包括以下三点:

(a) 电梯厅。乘轮椅者到达电梯厅后,一般要进行回旋和等候,因此公共建筑的电梯厅深度不应小于1800mm。正对电梯门的电梯厅为了能使大家容易发现它的位置,最好加强色彩或者材料的对比。在电梯的入口地面,还应设置盲道提示标志,告知视觉障碍者电梯的准确位置和等候地点。电梯厅中显示电梯运行层数的标示应大小适中,以方便弱视者了解电梯的运行情况。而专供乘坐轮椅的人使用的电梯,通常要在电梯厅的显著位置安装国际无障碍通用标志。

(b) 电梯的尺寸。为了方便轮椅进入电梯,电梯门开启后的有效净宽不应小于800mm,电梯轿厢的宽度要在1100mm以上,进深要不小于1400mm。但是,在这样的电梯轿厢内轮椅不能进行180°的回转。为了使轮椅容易向后移动,还需要在电梯间的背面安装镜子,以便乘轮椅者能从镜子里看到电梯的运行情况,为退出轿厢做好准备。如果要使轮椅能在轿厢内进行180°的回转,其尺寸必须满足宽1400mm、深1700mm的要求,这样轮椅正面进入后可以直接旋转180°,再正面驶出电梯。

(c) 电梯厅和电梯轿厢按钮。电梯厅和电梯轿厢内的按钮应设置在轮椅使用者的手能触及的范围之内。一般在距离地面800～1100mm高的电梯门扇的一侧或者轿厢靠近内部的位置,轮椅使用者专用电梯轿厢的控制按钮最好横向排列。按钮的表面上应有凸出的阿拉伯数字或盲文数字标明层数,按钮装上内藏灯,使其容易判别,视觉障碍者也容易使用。此外,在公共建筑中,最好每层都有直接广播。

b. 自动扶梯。众所周知,自动扶梯对步行困难者、高龄者和行动不便者是一种有效的移动手段,自动扶梯在当今的商业建筑、交通建筑中已得到广泛使用。但是很少有人知道,如果轮椅使用者接受一定的自动扶梯搭乘训练,那么他们就能够单独乘坐自动扶梯;如果同时还能得到接受过这方面训练的照看者的帮助,那么轮椅使用者利用自动扶梯的频率会更高。

⑥ 厕所、洗脸间。残疾人外出时碰到较多的一个困难就是能够使用的厕所太少。在各类建筑物中,至少应该设置一处可供轮椅使用者使用的厕所。

可供轮椅使用者利用的厕所,需要在通道、入口、厕位等处加上标志,最好是视觉障碍者也能够理解的盲文或用对比色彩做成的标志。这些标志一般在离地面1400～1600mm处设置。此外,为了避免视觉障碍者判断错误而误入它室,建筑物内各层的厕所最好都在同一位置,而且男女厕所的位置也不要变化。

厕所、洗脸间的出入口处应该有轮椅使用者能够通行的净宽,不应设置有高差的台阶,最好不要设门。遮挡外部视线的遮挡墙也需要考虑轮椅通行的方便。

在厕所中,各种设施都应该是视觉障碍者容易发现、易于使用的,并保证其安全性。地面、墙面及卫生设施等可以采用对比色彩,以便于弱视者区分。一些发光的材料会给弱视者带来不安,尽量不要使用。地面应采用防滑且易清洁的材料。

a. 轮椅使用者的厕位。从轮椅移坐到便器座面上,一般是从轮椅的侧面或前方进行的。为了完成这一动作,便器的两侧需要附加扶手,并确保厕位内有足够的轮椅回转空间(直径1500mm左右)。当然这样一来,就需要相当宽敞的空间,如果不能够保证有这么大的空间,就应该考虑在轮椅能够移动的最小净宽900mm的厕位两侧或一侧安装扶手,这样轮椅使用者能够从轮椅的前方移坐到便器座面上。这一措施对于步行困难的人来说也十分方便。

(a) 厕位的出入口。厕位的出入口需要保证轮椅使用者能够通行的净宽,不能设置有高差的台阶。厕位的门最好采用轮椅使用者容易操作的形式。横拉门、折叠门、外向开门都可以。

(b) 座便器。座便器的高度最好在420～450mm。当轮椅的座高与座便器同高时,较易移动,所以在座便器上加上辅助座板会使利用者更加方便,同时还能起到增加座便器高度的作用。轮椅使用者最好采用座便器靠墙或者底部凹进去的形式,这样可以避免与轮椅脚踏板发生碰撞。

(c) 扶手。因为残疾人全身的重量都有可能靠压在扶手上,所以扶手的安装一定要坚固。水平扶手的高度与轮椅扶手同高是最为合理的;竖向扶手是供步行困难者站立时使用的。地面固定式扶手需要考虑不妨碍轮椅脚踏板移动的位置和形式(见图2.37)。扶手的直径通常为320～380mm。

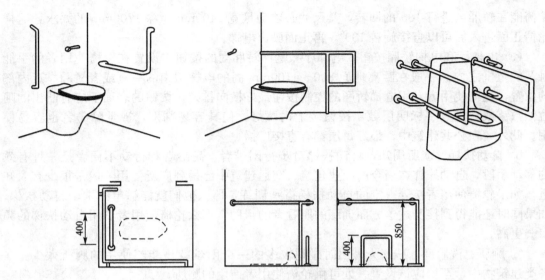

图 2.37　残疾人使用座便器时用扶手的形式(mm)

b. 小便器及其周围的无障碍设计。因为考虑到男性轻度残疾者可能站立不稳，所以在普通的小便器上仍需安装便于抓握的扶手。同时为了使上肢行动不便的使用者便于操作，最好使用按压式、感应式等冲洗装置。

小便器周围安装上扶手可以方便大多数人使用。小便器前方的扶手是让胸部靠在上面的，高度在1200mm左右较为合适；小便器两侧的扶手是让使用者扶着使用的，最好间隔600mm、高830mm左右。扶手下部的形状要充分考虑轮椅使用者通行的畅通（见图2.38）。

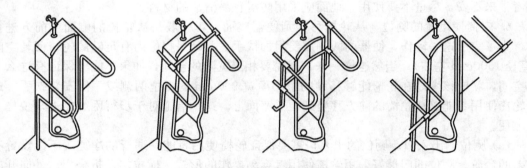

图 2.38　残疾人使用小便器时用扶手的形式

c. 洗脸间。洗脸及洗手池需要考虑为轮椅及行动不便的人分别设置一个以上的洗脸盆，具体要求如下：

(a) 安装尺寸。轮椅使用者一般要求洗脸盆的上部高度为800mm左右、盆底高度为650mm左右、进深550～600mm，这样使用较为方便（见图2.39），另外，也可以采用高度可调的洗脸盆（见图2.40）。行动不便的人使用的洗脸盆与一般人使用的高度一样。

(b) 扶手。如果行动不便者使用洗脸盆，则需要在洗脸盆的周边安装扶手。扶手的高度要求高出洗脸盆上端30mm左右，横向间隔600mm左右。洗脸盆前端与扶手间隔100～150mm。扶手的下部形状最好考虑到不妨碍轮椅的通行。

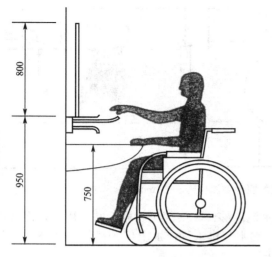

图 2.39　轮椅使用者使用洗脸盆的尺寸(mm)　　　图 2.40　可调节高度的洗脸盆

(c) 水龙头开关与镜子。上肢行动不便的人最好采用把手式、脚踏式或者自动式开关。如果是热水开关，需要标明水温标志和调节方式，热水管应采用隔热材料进行保护，以免烫伤。轮椅使用者的视点较低，因此镜子的下部应距离地面 900mm 左右，或者将镜子向前倾斜。

⑦ 浴室、淋浴间。浴室、淋浴间的具体设计包括以下四点：

a. 浴池、淋浴。为了便于残疾人使用，浴池应该出入方便，高度要与轮椅座高相同，并设有相同高度的冲洗台。在浴池的周边要装上扶手，这样可以使从轮椅到冲洗台更加容易，同时从冲洗台也可以直接进入浴池。残疾者在淋浴时，最简单的方法就是利用带有车轮的淋浴用椅子直接进入没有门槛的淋浴间。

b. 材料、铺装。浴池内及浴室的地面容易打滑，要在铺装材料上多加注意。擦洗场所应采用防滑材料，同时应该考虑排水沟和排水口的位置，尽量避免肥皂水在地面上漫流。

c. 扶手。浴室及淋浴室不同方向的扶手有着不同的功能，一般来说，水平扶手是用来起支撑作用的；而垂直扶手是用来起牵引作用的；弯曲或倾斜的扶手具有支撑及牵引两种功能。在进出浴池时，最好是用水平和垂直两种形式组合的扶手。较大的淋浴室最好在四周墙面上都安装扶手。

d. 淋浴器。根据残疾人的不同情况，可以使用可动式或固定式淋浴器。为了方便上肢行动不便的残疾者，宜设置把手式的供水开关。

⑧ 厨房。现在的厨房有越来越向机械化和电子化发展的趋势，由于残疾人不能使用复杂的器具并常常因误用而引发一些事故，所以厨房最好有大小合适的空间，在设计时尽可能选择安全的、使用方便的设备。

a. 平面形式。由于轮椅不能横向移动，所以对于使用拐杖或行走不便的人来说，最好能利用两侧的操作台支撑身体。因此在配置厨房设施时，最好采用 L 形或者 U 形，并在空间上保证轮椅的旋转余地(见图 2.41)。

b. 操作台高度。为了使轮椅使用者坐在轮椅上也能方便地进行操作，操作台的高度应在 750～850mm 之间。

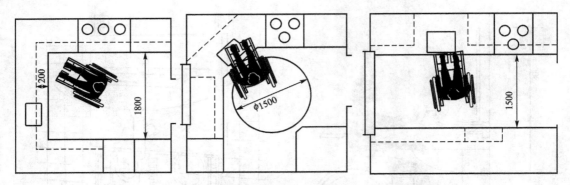

图 2.41 轮椅使用者使用的厨房平面布局形式(mm)

c. 水池与灶台。底部可以插入双腿的浅水池能够让轮椅使用者靠近并使用它,而行走困难的人在水池前放上椅子也可以坐着洗涤。温水和排水管应加上保护材料,使那些脚部感觉不很敏感的人碰到发热的管子时也不至于受伤。

灶台的高度对轮椅使用者来说 750mm 左右最为合适。灶台的控制开关宜放在前面,各种控制开关按功能分类配置,调节开关应有刻度并能标明强度。对视觉障碍者来说,最好是通过温度鸣响来提示。为避免被溢出来的汤烫伤的危险,在灶台的下方,应避免设置可让轮椅使用者腿部伸入灶台下的空间。

d. 储藏空间。平开门的柜子,打开时容易与人体发生碰撞,因此在狭窄的空间里宜采用推拉门。特别是在容易碰到头部的范围,必须安装推拉门。

⑨ 起居室和用餐空间。

a. 起居室。起居室是人们居家生活使用时间最多的空间之一,在残疾人家庭起居室设计时,需要安排好轮椅的通行与回旋。因此,空间规模要略大于一般标准,使用面积达到 18m² 较为合适。起居室通往阳台的门,在门扇开启后的净宽要达到 800mm,门的内外地面高差不应大于 15mm。阳台的深度不应小于 1500mm,阳台栏板和栏杆的形式和高度要考虑轮椅使用者的观景效果。

b. 用餐空间。住宅内的用餐空间最好在厨房或者临近厨房位置,使用空间最小应能容纳四人进餐的餐桌,宽度为 900mm。如果要保证轮椅使用者横向驶近餐桌时,地面要有至少 1000mm 的净宽。座位后如果有人走动,则需要预留 1300~1400mm 净宽;如座位后有轮椅推过,座后需留 1600mm 的净宽。

⑩ 卧室。残疾人使用的卧室考虑到轮椅的活动,其空间大小在 14~16m² 较为实用。考虑到在床端要有允许轮椅自由通过的必要空间,矩形卧室的短边净尺寸应不小于 3200mm。

为了避免不舒适的眩光,床与窗平行安置为宜,不要垂直于窗的平面。卧室床下的空间要便于轮椅脚踏板的活动,封闭的下部是不利于轮椅靠近的。对于轮椅使用者来说,床垫的高度需要与轮椅座高平齐,为 450~480mm。较高的床垫则有利于步行困难者从床上站起来。

⑪ 客房。供残疾人使用的客房一般宜设在客房区的较低楼层,靠近楼层服务台、公共活动区及安全出口的地方,以利于残疾人方便到达客房、参加各种活动及安全疏散。

客房的室内通道是残疾人开门、关门及通行、活动的枢纽,其宽度不应小于 1500mm,以方便轮椅使用者从房间内开门,在通道内取衣物和从通道进入卫生间。客房内还要有直径不小于 1500mm 的轮椅回转空间。客房床面的高度、座便器的高度应与标准轮椅的座高一致，即 450mm，可方便残疾人进行转移。

为节省卫生间的使用面积，卫生间的门宜向外开启，开启后的净宽应达到 800mm。在座便器的一侧或两侧安装安全抓杆，在浴缸的一端宜设宽 400mm 的洗浴座台，便于残疾人从轮椅上转移到座台上进行洗浴。在座台墙面和浴盆内侧墙面上要安装安全抓杆。洗脸盆如果设计为台式，在洗脸池的下方应方便轮椅的靠近(见图 2.42)。此外，在卫生间和客房的适当位置，要安装紧急呼叫按钮。

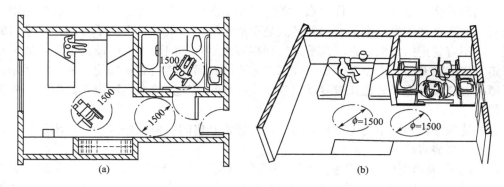

图 2.42　残疾人客房布置(mm)

⑫ 轮椅座席。在大型公共建筑内，如图书馆、影剧院、音乐厅、体育场馆、会议中心的观众厅和阅览室等地，应设置方便残疾人到达和使用的轮椅座席。轮椅座席应该设在这些场所中出入方便的地段，如靠近入口处或者安全出口处，同时轮椅座席也不应影响到其他观众的视线，不应对走道产生妨碍，其通行的线路要便捷，能够方便地到达休息厅和厕所。

轮椅席的深度一般为 1100mm，与标准轮椅的长度基本一致。一个轮椅席的宽度为 800mm，是轮椅使用者的手臂推动轮椅时所需要的最小宽度。两个轮椅席位的宽度约为三个观众固定座椅的宽度(见图 2.43)。通常将这些轮椅席位并置，以便残疾人能够结伴和服务人员的集中照顾。当轮椅席空闲时，服务人员可以安排活动座椅供其他观众或工作人员就座，保证空间的利用率。为了防止轮椅使用者和其他观众席座椅的碰撞，在轮椅席的周围宜设高 400~800mm 的栏杆或栏板。在轮椅席旁和地面上，应设有无障碍通用标志，以指引轮椅使用者方便就位。

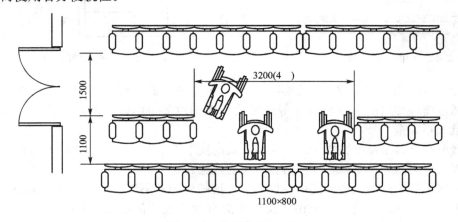

图 2.43　轮椅座席(mm)

(2)室内细部的无障碍设计。随着越来越多的人认识到无障碍室内设计的重要作用,室内设计师还需要关注残疾人使用的室内空间中的细部设计和细部处理,从全局观点考虑这些细微之处的人性化设计。

① 门。供残疾人使用的门,设计时要注意门的宽度,门的形式,开闭时是否费力,门扇的内开或外开,铰链、门锁及手柄的位置等,必须从残疾人特别是轮椅使用者对门的要求出发进行考虑。

门的形式多种多样,各有优缺点,需要根据不同情况合理地加以选择。从使用难易程度来看,最受欢迎的是自动推拉门,其次是手动推拉门,最后是手动平开门。折叠门的构造复杂,不容易把门关紧;自动式平开门存在着突然打开门而发生碰撞的危险,通常是沿着行走方向向前开门,需要区分出口和入口的不同;而旋转门对轮椅使用者不能适用,对视觉障碍者或步行困难者也比较容易造成危险,如必须设置的话,则应在其两侧另外再设平开门。

公共建筑中使用频繁的走廊和通道中,需经常开启的门扇最好装上自动闭门装置,以此避免视觉障碍者碰上打开着的门。

② 对于门的净宽而言,残疾人使用的门的净宽最低为800mm以上,但最好能保持在850mm以上。坐轮椅的人开关或者通过大门时,需要在门的前后左右留有一定的平坦地面。根据安装方式的不同,需要的空间大小也不一样(见图2.44)。

③ 对于门的防护而言,通常来说,轮椅的脚踏板最容易撞在门上,为了避免门被轮椅或助行器碰撞而受损,残疾人住宅、残疾儿童的特殊学校、老年人中心、残疾人活动中心等处的门,要在距离地面350mm以下安装保护板(见图2.45)。

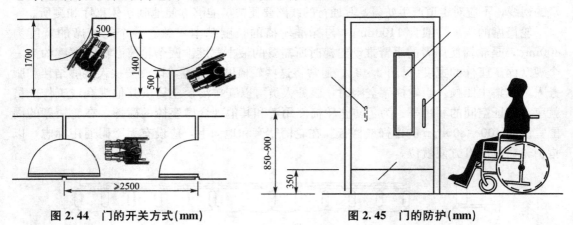

图2.44 门的开关方式(mm)　　　　　图2.45 门的防护(mm)

④ 窗。对不能去外面活动的残疾人来说,窗户是他们了解外界情况的重要途径,他们可以通过窗外传来的声音和气味等来感受外面的世界。因此,窗户应该尽可能容易操作,并且又很安全。

窗台的高度是根据坐在椅子上的人的视线高度来决定的,最好在1000mm以下,高层建筑物需要设置防护扶手或栏杆等防止坠落的设施。

对于离不开轮椅的人独立使用的住宅中,窗的启闭器不能高出地面1350mm,虽然坐轮椅的人伸手摸高超出此值,但由于窗前可能有盆花或其他阻挡,所以最高为1350mm,最适宜的值为1200mm。

⑤ 扶手。扶手是为步行困难的人提供身体支撑的一种辅助设施，也有避免发生危险的保护作用，连续的扶手还可以起到把人们引导到目的地的作用。

在楼梯、坡道、走廊等有侧墙的情况下，原则上应该在两侧设置扶手。同时尽可能比梯段两端的起始点延长一段，这样可以起到调整步行困难者的步幅和身体重心的作用。在净宽超过3000mm的楼梯或者坡道上，在距一侧1200mm的位置处应加设扶手，使两手都能够有支撑。扶手应该是连续的，柱子的周边、楼梯休息平台处、走廊上的停留空间等处也应该设置。此外，视觉障碍者不容易分辨台阶及坡道的起始点，所以也需要将扶手的端部再水平延长300～400mm。扶手的颜色要明快而且显著，让弱视者也能够比较容易识别。

扶手要做成既容易扶握又容易握牢的形状，扶手的尺寸应该以能被残疾人握紧为宜，供抓握的部分应采用圆形或椭圆形的断面。考虑坐轮椅的人能方便地使用扶手，其高度应在800～850mm之间。扶手与墙面要保持40mm的距离，以保证突然失去平衡要摔倒的人们不会因为有扶手而发生夹手现象，同时也能保证很容易地抓住扶手。

⑥ 墙面。轮椅通常不易保持直行，为避免轮椅的车轮及脚踏板碰到墙壁上，或者手指被夹在轮椅和墙壁之间的事发生，墙面应设置保护板或缓冲壁条。这些设施在转弯处设计时要考虑做成圆弧曲面的形式，或通过诸如金属、木材、复合材料等进行转角保护，避免墙面损伤和人身伤害。

⑦ 地面。大部分公共建筑和高层住宅的入口大厅地面最好是采用弄湿后也不容易打滑的材料，如塑胶地板、卷材等。在走廊和通道地面材料的选择上，也应该使用不易打滑、行人或轮椅翻倒时不会造成很大冲击的地面材料。当在高档酒店、商业空间等地面使用地毯时，以满铺为好，面层与基层也应固结，防止起翘皱折。另外，表层较厚的地毯，对靠步行器、轮椅和拐杖行走的人们来说，会导致行走不便或引起绊脚等危险，应慎重选择。

⑧ 控制开关。电灯开关、中央空调调节装置、电动脚踏开关、火灾报警器、紧急呼叫装置、窗口的关闭装置、窗帘开关等所有的控制系统都需要做成容易操作的形状和构造（如大键面板或搬把式开关），并设置在距离地面1200mm的高度以下。电器插座的高度也要适宜，便于使用。

⑨ 家具。家具的设计主要包括以下五点：

a. 服务台。服务台一般需要满足对话、传递物品、填表登记等要求。对于轮椅使用者来说，服务台的高度如果不在800mm左右，下部不能插入轮椅脚踏板的话，使用起来会很不方便。对于使用拐杖的人来说，也需要设置座椅及拐杖靠放的场所。

b. 桌子。桌子的下部要求留有轮椅使用者脚踏板插入的必要空间。为了使桌子能起到支撑身体的作用，最好做成固定式或不易移动式，以免残疾人不慎碰撞后因桌子的移动而摔倒。

c. 橱柜类家具。残疾人使用的橱柜类家具要做得大一些，要有一定的备用空间，所有东西的存放位置应该相对固定，这样即使是视觉障碍者寻找起来也会方便许多。橱柜的高度、深度需要根据轮椅使用者、步行困难者，以及健康人的各种情况来综合考虑，以适应不同人的使用(见图2.46)。

d. 公用电话。公共建筑物内至少应该有一个公用电话可以让轮椅使用者使用。对于轮椅使用者来说，电话机的中心就应设置在距离地面900～1000mm的高度，电话台的前

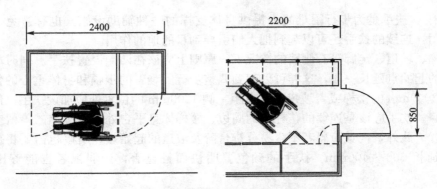

图 2.46 轮椅使用者对橱柜的空间要求(mm)

方要有确保轮椅可以接近的空间。对于行动不便的人来说，为了站立时的安全，两侧要设置扶手，并提供拐杖靠放的场所(见图 2.47)。

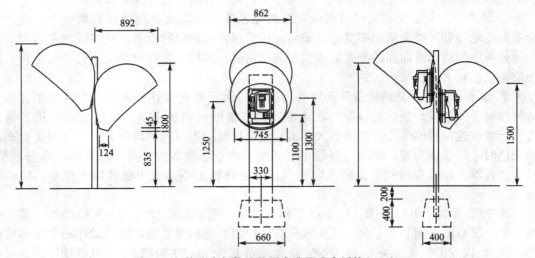

图 2.47 普通人与轮椅使用者分用式电话格(mm)

e. 饮水器。在国外的公共场所，饮水器是常见的室内设施。为了使轮椅使用者喝水更加容易，饮水机的下方要求留出能插入脚踏板的空间。通常在离开主要通行路线的凹壁处设置从墙壁中突出的饮水器。开关统一设置在前方，最好是既可用手又可用脚来操作的，高度通常在 700~800mm 之间(见图 2.48)。

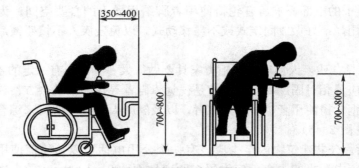

图 2.48 轮椅使用者使用饮水器空间尺度(mm)

无论是处于婴儿期的人们,还是因为一时的原因出现暂时行动障碍的人们,抑或是步入老年的人们,都需要环境能给予充分的支持,以保证在任何时候、任何人都能生活在一个安全与舒适的环境之中,得到环境与社会的尊重,并享有各自在生存权上的平等。只有这样,才能保证社会的和谐与可持续发展。

2.2 环境心理学与室内设计

环境是围绕在人们周围的外界事物。人们可以通过自己的行为使外界事物产生变化,而这些变化了的外界事物(即所形成的人工环境)又会反过来对作为行为主体的人产生影响,在这一相互影响的过程中伴随着一定的人的心理活动变化。

环境心理学的研究是用心理学的方法来对环境进行探讨,在人与环境之间以人为本,从人的心理特征的角度出发来考虑研究环境问题,从而使我们对人与环境的关系、对怎样创造室内人工环境,都产生新的更为深刻的认识。因此,环境心理学对于室内设计具有非常重要的意义。

2.2.1 环境心理学的含义与基本研究内容

环境心理学(Environmental Psychology)是研究环境与人的行为之间相互关系的学科,它着重从心理学和行为的角度,探讨人与环境的最优化关系。

环境心理学是一门新兴的综合性学科,于20世纪60年代末在北美兴起,此后先在英语语言区,继而在全欧洲和世界其他地区迅速传播和发展。环境心理学的内容涉及医学、心理学、社会学、人类学、生态学、环境保护学及城市规划学、建筑学、室内环境学等诸多学科。

就室内设计而言,在考虑如何组织空间,设计好界面、色彩和光照,处理好室内环境各要素的时候,就必须要注意使设计出的室内环境符合人们的行为特点,能够与人们的心愿相符合。

2.2.2 室内环境中人的心理与行为

室内环境中人的心理与行为尽管存在个体之间的差异,但从总体上分析仍然具有一定的共性,仍然具有以相同或类似的方式作出反应的特点,而这恰恰也正是人们进行设计的基础依据。

1. 个人空间、领域性与人际距离

1) 个人空间

在公共场所中,一般人不愿意夹坐在两个陌生人中间,公园长椅上坐着的两个陌生人之间会自然地保持一定的距离,心理学家针对这一类现象,提出了"个人空间"的概念。一般认为,个人空间像一个围绕着人体的看不见的气泡,这一气泡会随着人体的移动而移动,依据个人所意识到的不同情境而胀缩,是个人心理上所需要的最小的空间范围,他人对这一空间的侵犯与干扰会引起个人的焦虑与不安。

2) 领域性

对于人来说，领域性是个人或群体为满足某种需要，拥有或占用一个场所或一个区域，并对其加以人格化和防卫的行为模式。人在室内环境中进行各种活动时，总是力求其活动不被外界干扰或妨碍。不同的活动有其必须的生理和心理范围与领域，人们不希望轻易地被外来的人与物（指非本人意愿、非从事活动必须参与的人与物）所打破。

3) 人际距离

室内环境中的个人空间常常需要与人际交流、接触时所需的距离一起进行通盘考虑。人际接触根据不同的接触对象和不同的场合，在距离上各有差异。人类学家霍尔（E. Hall）以对动物的环境和行为的研究经验为基础，提出了"人际距离"的概念，并根据人际关系的密切程度、行为特征来确定人际距离的不同层次，将其分为密切距离、个人距离、社会距离和公众距离四大类。每类距离中，根据不同的行为性质再分为近区与远区。例如，在密切距离（0～450mm）中，亲密、对对方有嗅觉和辐射热感觉的距离为近区（0～150mm）；可与对方接触握手的距离为远区（150～450mm）。表2-5所示为人际距离和行为特征。由于受到不同民族、宗教信仰、性别、职业和文化程度等因素的影响，人际距离的表现也会有些差异。

表2-5　人际距离和行为特征　　　　　　　　　　　　　　　（mm）

人际距离	行为特征
密切距离(0～450)	近区 0～150，亲密、嗅觉、辐射热有感觉 远区 150～450，可与对方接触握手
个体距离(450～1200)	近区 450～750，促膝交谈，仍可与对方接触 远区 750～1200，清楚地看到细微表情的交谈
社会距离(1200～3600)	近区 1200～2100，社会交往，同事相处 远区 2100～3600，交往不密切的社会距离
公众距离(>3600)	近区 3600～7500，自然语音的讲课，小型报告会 远区 >7500，借助姿势和扩音器的讲演

2. 私密性与尽端趋向

如果说领域性主要讨论的是有关空间范围的问题，那么私密性更多涉及的是在相应的空间范围内人的视线、声音等方面的隔绝要求。私密性在居住类的室内空间中要求尤为突出。

日常生活中人们会非常明显地观察到，集体宿舍里先进入宿舍的人，如果允许自己挑选床位的话，那么他们总是愿意挑选在房间尽端的床铺，而不愿意选择离门近的床铺，这可能是出于生活、就寝时能相对较少地受干扰的考虑。同样的情况也可见于餐厅中就餐者对餐桌座位的挑选（见图2.49）。

相对来说，人们最不愿意选择近门处及人流频繁通过处的座位。餐厅中靠墙卡座的设置，由于在室内空间中形成受干扰较少的"尽端"，更符合客人就餐时"尽端趋向"的心理要求，所以很受客人欢迎（见图2.50）。

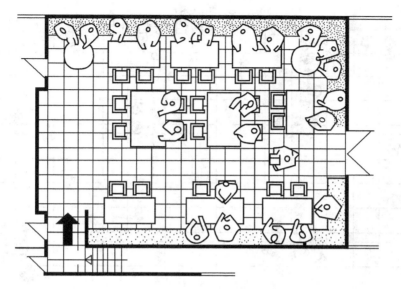

图 2.49 就餐者对餐桌的选择

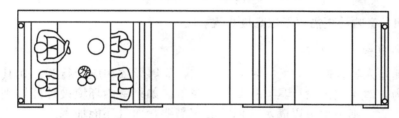

图 2.50 餐厅中的靠墙卡座

3. 依托的安全感

在室内空间中活动的人们，从心理感受上来说，并不是空间越开阔、越宽广越好，人们通常在大型室内空间中更愿意靠近能让人感觉有所"依托"的物体。在火车站和地铁车站的候车厅或站台上，如果仔细观察会发现，在没有休息座位的情况下，人们并不是较多地停留在最容易上车的地方，而是更愿意待在柱子边上，人群相对散落的汇集在候车厅内、站台上的柱子附近，适当地与人流通道保持距离。在柱边人们感到有了"依托"，更具安全感。图 2.51 所示是某火车站候车厅内人们候车的位置，是根据调查实测所绘制的。

4. 从众与趋光心理

在紧急情况时，人们往往会盲目跟着人群中领头的几个急速跑动的人的去向，而不管其去向是否是安全疏散口。当火警发生，烟雾开始弥漫时，人们无心注视标识及文字的内容，往往是更为直觉地跟着领头的几个人跑动，以致形成整个人群的流向。上述情况即属于从众心理。另外，人们在室内空间中流动时，具有从暗处往较明亮处流动的趋向。在紧急情况时，语音的提示引导会优于文字的引导。

这些心理和行为现象提示设计者在创造公共场所室内环境时，首先要注意空间与照明等的导向，标识与文字的引导固然也很重要，但从发生紧急情况时人的心理与行为来看，

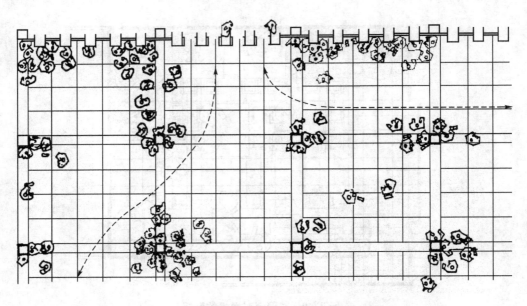

图 2.51　某火车站候车厅内人们候车的位置

对空间、照明、音响等更需要予以高度重视。

5. 好奇心理与室内设计

好奇心理是人类普遍具有的一种心理状态，能够导致相应的行为，尤其是其中探索新环境的行为，对于室内设计具有很重要的影响。如果室内环境设计能够别出心裁，诱发人们的好奇心，则不但可以满足人们的心理需要，而且还能加深人们对该室内环境的印象。对于商业空间来说，则有利于吸引新老顾客，同时由于探索新环境的行为可以导致人们在室内行进和停留的时间延长，因此有利于出现商场经营者所希望发生的诸如选物、购物等行为。心理学家伯利内（Berlyne）通过大量实验分析指出，不规则性、重复性、多样性、复杂性和新奇性五个因素比较容易诱发人们的好奇心理。

1) 不规则性

不规则性主要是指空间布局的不规则。规则的布局使人一目了然，很容易就能了解它的全局情况，也就难以激起人们的好奇心。于是，设计师就试图用不规则的布局来激发人们的好奇心。一般用对结构没有影响的物体（如柜台、绿化、家具、织物等）来进行不规则的布置，以打破结构构件的规则布局，营造活泼氛围（见图2.52）。

2) 重复性

重复性并不仅指建筑材料或装饰材料数目的增多，而且也指事物本身重复出现的次数。当事物的数目不多或出现的次数不多时，往往不会引起人们的注意，容易一晃而过，只有事物反复出现，才容易被人注意和引起好奇。室内设计师常

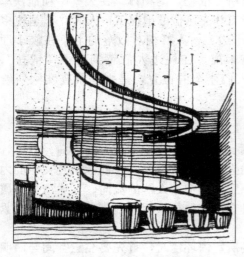

图 2.52　不规则的空间布局

常利用大量相同的构件(如柜台、货架、桌椅、照明灯具、地面铺地等)来加强吸引力。

3) 多样性

多样性是指形状或形体的多样性,另外也指处理方式的多种多样。加拿大多伦多伊顿购物中心(见图 2.53)的室内中庭的设计就很好地体现了多样性,透明的垂直升降梯和错位分布的多部自动扶梯统一布置在巨大的椭圆形玻璃天棚下,椭圆形回廊内分布着诸多立面各异的商店,加上多种形式色彩的灯光照明,构成了丰富多彩、多种多样的室内形象,充分调动了人们的好奇心,从而引起人们浓厚的观光兴趣。这些细部手法丰富和完善了室内形象,在考虑人们购物的同时,也考虑了人在其中的休息交往。

(a) 室内中庭设计

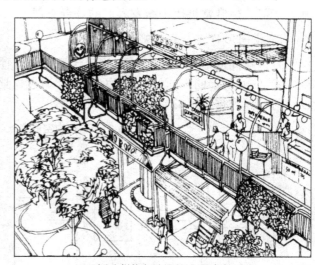
(b) 面孔多样的店面设计及标牌 招牌设计

图 2.53　加拿大多伦多伊顿购物中心

4) 复杂性

运用事物的复杂性来增加人们的好奇心理是设计的一种常见手法。特别是进入后工业社会以后,人们对于千篇一律、缺少人情味的大量机器生产的产品日益感到厌倦和不满,希望设计师们能创造出变化多端、丰富多彩的空间来满足人们不断变化的需要(见图 2.54)。

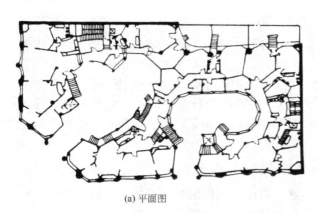
(a) 平面图

(b) 室内设计效果图

图 2.54　西班牙巴塞罗那米拉公寓

5)新奇性

新奇性是指新颖奇特、出人意料、与众不同、令人耳目一新。在室内设计中,为了达到新奇性的效果,常常运用以下三种表现手法:

(1) 室内环境的整个空间造型或空间效果与众不同。

(2) 把一些日常事物的尺寸放大或缩小,使人觉得新鲜好奇。

(3) 运用一些形状比较奇特新颖的雕塑、装饰品、图像和景物等来诱发人们的好奇心理。

除了以上所说的五个因素外,诸如光线、照明、镜面、特殊装饰材料甚至特有的声音和气味等,也常常被用来激发人们的好奇心理。

6. 空间形状给人的心理感受

室内空间的形状多种多样,其形状特征常会使活动于其中的人们产生不同的心理感受。表2-6所示的不同的空间几何形状,通过视觉常常会给人们心理上带来不同的感受,设计时可以根据特定的要求加以选择运用。

表2-6 室内空间形状的心理感受

	正向空间				斜向空间		曲面及自由空间	
室内空间形状								
心理感受	稳定规整	稳定有方向感	高耸神秘	低矮亲切	超稳定庄重	动态变化	和谐完整	活泼自由
	略呆板	略呆板	不亲切	压抑感	拘谨	不规整	无方向感	不完整

2.2.3 环境心理学在室内设计中的运用

1. 室内环境设计应符合人们的行为模式和心理特征

不同类型的室内环境设计应该针对人们在该环境中的行为活动特点和心理需求,进行合理地构思,以适合人的行为和心理需求。例如,现代大型商场的室内设计,考虑到顾客的消费行为已从单一的购物,发展为购物—游览—休闲(包括饮食)—娱乐—信息(获得商品的新信息)—服务(问讯、兑币、送货、邮寄……)等综合行为,人们在购物时要求尽可能接近商品,亲手挑选比较,因此,自选及开架布局的商场应运而生,而且还结合了咖啡吧、快餐厅、游戏厅甚至电影院等各种各样的功能。

2. 环境认知模式和心理行为模式对组织室内空间的提示

人们依靠感觉器官从环境中接受初始刺激,再由大脑作出相应行为反应的判断,并且对环境作出评价,因此,可以说人们对环境的认知是由感觉器官和大脑一起完成的。对人们认知环境模式的了解,结合对前文所述心理行为模式种种表现的理解,能够使设计师在组织空间、确定其尺度范围和形状、选择其光照和色彩的时候，拥有比单纯地以使用功能、人体尺度等为起始的设计依据更为深刻的提示。

3. 室内环境设计应考虑使用者的个性与环境的相互关系

环境心理学既从总体上肯定人们对外界环境的认知有相同或类似的反应，又十分重视作为环境使用者的人对环境设计提出的特殊要求，提倡充分理解使用者的行为、个性。一方面，在塑造具体环境时，应对此予以充分尊重；另一方面，也要注意环境对人的行为的引导，个性的影响，甚至一定程度意义上的制约，在设计中根据实际需要掌握合理的分寸。

2.3 建筑设备与室内设计

建筑设备指维持、维护建筑正常运作和使用所需要的各种设备，主要包括给水排水系统、暖通空调系统、电气系统等。

2.3.1 室内给水排水系统

给水是将给水管网或自备水源的水引入室内，经配水管送至生活、生产和消费用水设备，并满足水压、水质和水量的要求。排水是将建筑内部人们的生活用过的水和工业生产中用过的水收集起来排到室外。

1. 给水系统

输水管道不得腐蚀、生锈、漏水或是影响到水的品质，在输水过程中也不能发出噪声或降低压强。热水管长度应尽可能缩短以便降低能耗，如果过长则必须进行隔热处理。管道应尽可能集中安装，也就是说，厨房、浴室、盥洗室的位置应该平面相连或上下垂直。

塑料给水管道在室内明装敷设时易受碰撞而损坏，也易被人为割伤，因此提倡在室内暗装。给水管道因温度变化而引起的伸缩，必须予以补偿。金属管的线膨胀系数较小，在管道直线长度较小的情况下，伸缩量较小而不被重视。而塑料管的线膨胀系数是金属管的7~10倍，因此必须予以重视。

给水管道不论管材是金属管还是塑料管，均不得直接埋设在建筑结构层内。如一定要埋设时，则必须在管外设置套管。直埋敷设的管道，除管内壁要求具有优良的防腐性能外，其外壁应具有抗水泥腐蚀的能力，以确保管道使用的耐久性。

2. 排水系统

在建筑物内宜把生活污水(大、小便污水)与生活废水(洗涤废水)分成两个排水系统，以防止窜味。

由于生活污水特别是大便器排水是瞬时洪峰流态，在几秒内将9L冲洗水量形成1.5~2.0L/s的流量，所以容易在排水管道中造成较大的压力波动，并有可能在水封较为薄弱的环节造成破坏。污水处理系统依据重力原理，因此粪水管道必须粗一些，应绝对避免弯口角度过小,而且水平传输必须向下倾斜以防堵滞。入口垂直的管道要安装存水弯以防止污水及臭气渗入屋内。相对来说,洗涤废水是连续流,排水平稳。在重新安装或增添一些固定设施或电器设备时,如洗涤槽、抽水马桶洗衣机以及洗碗机等,必须了解现有管道的走向、管道系统的功能等。

居住小区采用分流制排水系统,即指生活排水系统与雨水排水系统分成两个排水系统。建筑物雨水管道是按当地暴雨强度公式和设计重现期设计,而生活污废水管道则按卫生设备的排水流量进行设计。若在建筑物内将雨水与生活废水或生活污水合流,将会影响生活排水系统的正常运行。

2.3.2 室内暖通空调系统

1. 暖通系统

1) 调风器

传递暖气炉散发的热气,能使房间的温度迅速升高,而且初装成本相对较低。经过净化和加湿处理的流动空气可以改善不通风的状况,调节空气湿度。调风器在不同的季节还可用来制冷,因此空气调节的成本进一步降低。调风器一般安装在天花板、墙壁或地面上,向室内散发热量并吸收房间的冷空气。调风器的安装位置可能会影响家具的布局和整面窗墙的处理。

老式壁炉在室内供暖中是效率最低的,90%的热量会从烟囱流失。在壁炉内安置烧柴(或烧炭)炉是有效提高效率的选择。壁炉附近必须使用耐火材料,因为壁炉四周的温度通常会非常高。

壁炉及烧柴炉可装配导热管或输气管道,使热空气形成自然对流。

2) 护壁板散热器

促使热水、蒸汽或电阻圈产生的热量进行循环,通过自然导热以及辐射提供相对均匀的温度。护壁板散热器通常安装在窗户下面,通常在老式建筑中可以见到,具有隐蔽散热的功能。

3) 辐射板

辐射板是通过在暖气炉中加热的热水或蒸汽,或将电能转化成热能的电线,形成大面积的受热表层,通常安装在天花板上,但有时也安装在地板或墙壁上。这些辐射板能保持居室所需的舒适均匀的温暖,也不会有外露的设备破坏居室设计,但气温上升的过程比较缓慢,若被地毯或其他覆盖物、家具阻隔,阻碍了热能抵达人体,人就会感觉寒冷。辐射板的价格较昂贵,运行成本也很高,而且不具备空气流通、冷却、净化和加湿的功能。

除了温度的调节以外,舒适的室内环境还应保持空气的流通新鲜和洁净。良好的通风装置可以从房间排出不新鲜的热风,带入新鲜的空气,使气流平缓柔和。主要的通风装置包括可以打开的门窗、通风孔、排气扇、有鼓风机的暖气炉、空气调节装置和风扇等。通常新鲜空气由门窗流入居室,但通风孔更为有效。通风孔在大小、形状及位置上都比门窗更富于变化,私密性更好。卧室可以借助较高的窗户或两壁上的通风孔接受新鲜的空气。厨房、浴室需要最佳的通风条件,必须有排气扇辅助通风。起居室和餐厅通常是连在一起形成的较大的空间，容易有较好的空气流通。

2. 空调系统

空调是一种用于给房间(或封闭空间、区域)提供处理空气的机组。它的功能是对该房间(或封闭空间、区域)内空气的温度、湿度、洁净度和空气流速等参数进行调节，以满足人体舒适的要求。

1) 降温

在空调器设计与制造中，一般允许将温度控制在 16~32℃之间。一方面若温度设定过低时，会增加不必要的电力消耗；另一方面若造成室内外温差偏大时，人们进出房间不能很快适应温度变化，容易患感冒。

2) 除湿

空调器在制冷过程中伴有除湿作用。人们感觉舒适的环境的相对湿度应在 40%~60%，当相对湿度过大，如在 90%以上，即使温度在舒适范围内，人的感觉仍然不佳。

3) 升温

热泵型与电热型空调器都有升温功能。升温能力随室外环境温度下降逐步变小，若温度在-5℃时，几乎不能满足供热要求。

4) 净化空气

空气中含一定量有害气体如二氧化硫等，以及各种汗臭、体臭和浴厕臭等臭气。空调净化空气的方法有换新风、光触媒吸附(收)、增加空气负离子浓度等。

(1) 换新风。利用风机系统将室内潮湿空气排往室外，使室内形成一定程度负压，新鲜空气从四周门缝、窗缝进入室内，改善室内空气质量。

(2) 光触媒吸附(收)。在光的照射下可以再生，将吸附(收)的氨气、尼古丁、醋酸、硫化氢等有害物质释放掉，可反复使用。

(3) 增加空气负离子浓度。空气中带电微粒浓度大小，会改善人体舒适感。空调上安装负离子发生器可增加空气负离子度，使环境更加舒适。

2.3.3 室内电器系统

大多数住宅一般都为每户单相电源进线。随着社会的发展和生活水平的提高，高级住宅的冬季采暖与夏季降温已不完全是采用以往的分体式空调来完成，而是由家庭小型中央空调系统来完成。家庭小型中央空调系统一般由风机盘管和空调主机组成，风机盘管依然为 220V 电源，空调主机则为 380V 电源。此时住宅电源应采用三相电源进线，出线回路也设一路三相断路器作空调主机电源。

一般方式是，出线回路按照明、普通插座、空调插座、厨房插座、电热水器插座等回路设计。另一种方式，除了厨房和电热水器插座回路外，其余插座完全可以按房间分片区设置回路，且线路敷设方便，交叉少。

室内设计师要根据空间确定的用途、家具和各种设备的安排，把开关和插座安装在方便恰当的位置。每个房间都应安装足量的插座，在起居室、餐厅和卧室，其密度可能更高一些。在厨房，工作台上方和冰箱位置应安装一个接线盒。浴室要在浴缸上方或斜上方安装一个接地的插座。插座不应置于大面墙壁的中间，因为这里可能要安放大件家具，如床、沙发、书橱等。大部分的线路要求均有相关建筑法规的规定。

门厅和楼道都应该安装开关，具有多个通道的房间可安装双联或者多联开关，以便在进出时控制，无需摸索。每个房间内至少有一盏灯的开关应安装在靠门锁一侧，而不应安装在门后。

电话、内线、传真、电脑和各种其他设备共同构成了安装在住宅内的通信设施。这些设备的运行也依托于室内电气系统的完善。通信设备的安装工作应提前计划好，如有可能，线路系统应在建筑过程中由专业人员完成。

2.4　室内装修施工与室内设计

室内装修施工是有计划、有目标地达到某种特定效果的工艺过程，其主要任务是完成室内设计图纸中的各项内容，实现设计师在图纸上反映出来的意图。因此对于学习室内设计的专业人员而言，除了掌握室内设计的专业知识外，还应该了解室内装修施工的特点，以确保所设计的内容最后能获得理想的效果。

2.4.1　室内装修施工的特点

从某种意义上说，室内装修施工的过程是一个再创作的过程，是一个施工与设计互动的过程，这是室内装修施工的重要特点。对于室内设计人员来说，应该注意以下两点：

（1）设计人员应对室内装修的工艺、构造及实际可选用的材料有充分的了解，只有这样才能创作出优秀的作品。在一些重大工程中，为了检验设计的效果和确保施工质量，往往采用试做样板间或标准间的方法。通过做实物样板间，可以检验设计的效果，从中发现设计中的问题，进而对原设计进行补充、修改和完善，也可以根据材料、工具等具体情况，通过试做来确定各部位的节点大样和具体构造，为大面积施工提供指导和标准。这种设计与施工的互动是室内装修工程的一大特点。

与传统的装修工艺相比，当代室内装修工艺的机械化、装配化程度大大提高。这是因为目前大量使用成品或半成品的装饰材料，导致施工中使用装配或半装配式的安装施工方法。同时由于各种电动或气动装饰机具的普遍使用，导致机械化程度增高。伴随着机械化程度和装配化程度的提高，又使装修施工中的作业工作量逐年增高。这些特点，使立体交叉施工和逐层施工、逐层交付使用等成为可能，因此对于设计师而言，有必要了解这种发展趋势，以便在设计中采用正确的构造与施工工艺。

（2）室内设计师应该充分注意与施工人员的沟通和配合。事实上，每一个成功的室内设计作品，不仅显示了设计师的才华，同时也凝聚了室内装修施工人员的智慧和劳动。离开了施工人员的积极参与，就难以产生优秀的室内设计作品。例如，室内设计中的大理石墙面，图纸上常常标注得比较简单。但是天然大理石板材往往具有无规律的自然纹理和有差异的色彩，如何处理好这个问题，将直接影响到装修效果。因此必须根据进场的板材情况，对大理石墙面进行细化处理。这种细化处理不可能事先做好，需要依靠现场施工人员的智慧和经验，在经过仔细的拼板、选板后，才能使镶贴完毕的大理石墙面的色彩和纹理获得自然、和谐的效果，使之充分表现大理石的装饰特征；反之，则会杂乱无章，毫无效果可言。当然，对于施工人员而言，他们也应对室内设计的一般知识有所了解，并对设计中所要求的材料的性质、来源、施工配方、施工方法等有清楚的认识。只有这样，才有可能使设计师的意图得到完善的反映。室内装修施工的过程是对设计质量的检验、完善过程，它的每一步进程都检验着设计的合理性，因此，室内装修施工人员不应简单地满足于照图施工，遇到问题应该及时与设计人员联系，以期取得理想的效果。

2.4.2 室内装修施工的过程

室内装修工程施工是一个复杂的系统工程，为了保证工程质量，室内装修工程有严格的施工顺序。室内装修工程的一般施工顺序是：先里后外(如先基层处理，后做装饰构造，最后饰面)、先上后下(如先做顶部、再做墙面、最后装修地面)。从工种安排而言：先由瓦工对基层进行处理，清理顶、墙、地面，达到施工技术要求，同时进行电、水线路改造。基层处理达标后，木工进行吊顶作业，吊顶构造完工后，先不做饰面处理，而开始进行细木工作业，如制作木制暖气罩、门窗框套、木护墙等。当细木工装饰构造完成，并已涂刷一遍面漆进行保护后，才进行墙、顶饰面的装修(如墙面、顶面涂刷、裱糊等)。在墙面装饰时，应预留空调等电器安装孔洞及线路。地面装修应在墙面施工完成后进行，如铺装地板、石材、地砖等，并安装踢脚板，铺装后应进行地面装修的养护。地面经养护期后，才开始进行细木工装饰的油漆饰面作业，饰面工程结束后，还要进一步安装、放置配套电器、设施、家具等，这时装修工程才算最后结束。

1. 前期设计

在前期设计中，必须还要做一件事，那就是对空间进行一次详细的测量，测量的内容主要包括以下两个方面：

(1) 明确装修过程涉及的面积，特别是贴砖面积、墙面漆面积、壁纸面积、地板面积；

(2) 明确主要墙面尺寸，特别是以后需要设计摆放家具的墙面尺寸。

2. 主体拆改

进入到施工阶段，主体拆改是最先做的一个项目，主要包括拆墙、砌墙、铲墙皮、拆暖气、换塑钢窗等。

3. 水电路改造

水电路改造之前，主体结构拆改应该基本完成了。就开发商预留的上水口、油烟机插座的位置，提出一些相关建议，主要包括以下三个方面。

(1) 油烟机插座的位置是否影响以后油烟机的安装；

(2) 水表的位置是否合适；

(3) 上水口的位置是否便于以后安装水槽。

水路改造完成之后，最好紧接着做卫生间的防水。厨房一般不需要做防水。

4. 木工、瓦工、油工

木工、瓦工、油工是施工环节的"三兄弟"，基本出场顺序是：木工—瓦工—油工。

其实，如包立管、做装饰吊顶、贴石膏线类的木工活，从某种意义上说，也可以作为主体拆改的一个细环节考虑，本身和水电路改造并不冲突，有时候还需要一些配合。

5. 贴砖

（1）过门石、大理石窗台的安装。过门石的安装可以和铺地砖一起完成，也可以在铺地砖之后，大理石窗台的安装一般在窗套做好之后。

（2）地漏的安装。地漏是家装五金件中第一个出场的，因为它要和地砖共同配合安装。注意：在厨房墙地砖贴完并安装完油烟机之后，就可以进行橱柜测量。

6. 刷墙面漆

刷墙面漆环节主要完成墙面基层处理、刷面漆、给家具上漆等工作。

7. 厨卫吊顶

厨卫吊顶作为安装环节的第一步。在厨卫吊顶的同时最好把厨卫吸顶灯、排风扇（浴霸）同时装好，或者留出线头和开孔。

8. 厨柜安装、木门安装

吊顶结束后，可以约橱柜上门安装了。装门的同时要安装合页、门锁、地吸。

9. 地板安装

地板安装之前，最好让厂家上门勘测一下地面是否需要找平或局部找平；铺装地板的地面要清扫干净，要保证地面的干燥。

10. 铺贴壁纸

铺贴壁纸的当天，地板应该做保护。

11. 散热器安装

木门—地板—壁纸—散热器，这是一个被普遍认可的正确安装顺序，先装木门是为了保证地板的踢脚线能和木门的门套紧密接合；再装壁纸主要是因为地板的安装比较脏，粉尘多，对壁纸污染严重；最后装散热器是因为只有墙面壁纸铺好才能安装散热器。

12. 开关插座安装、灯具安装、五金洁具安装

应该对开关插座数量、位置等问题有一个详细的了解或者记录。

13. 保洁

保洁之前，不要装窗帘，不要有家具以及不必需的家电，要尽量保持更多的"平面"，以便保洁能够彻底地清扫。

14. 家具

关于家具的购买时间最早在水电路改造完成之后，这样，我们心里才能对选择家具的基本尺寸范围大致有数。

15. 家居配饰

家居配饰是家装的最后一步，而且已经由装修转为装饰了。家居配饰可以考虑买一些

绿色植物、挂墙画、摆设工艺品等。

对于室内装修的这些施工顺序,室内设计时应该予以充分考虑,尽量做到施工与设计的完美结合,确保取得最佳的设计效果。

本 章 小 结

室内设计与人体工程学、环境心理学、建筑设备、室内装修施工等有着密切的关系。在人体工程学中,人体尺寸与空间大小、空间布局有着十分紧密的关系,家具设计、室内物理环境等也与人体工程学有着直接的关系;环境心理学通过研究生活在人工环境中的人们的心理倾向问题,将选择环境和创建环境相结合,使设计出来的室内环境符合人们的行为特点;合理处理室内设计中的各种设备和技术等问题,对营造安全舒适、健康快乐的室内环境有着密切关系;室内装修施工是与设计互动的过程,是一个再创作的过程,设计师应该对施工工艺、构造和材料有充分的了解,同时要与施工人员充分沟通,只有这样才能创造出优秀的室内设计作品。

思 考 题

1. 什么是人体工程学?
2. 人体工程学在室内设计中有哪些应用?
3. 列举几种室内环境中有关人们心理与行为模式方面的情况。
4. 什么是建筑设备?
5. 室内装修施工的特点是什么?

第3章
室内设计的风格演变与发展趋势

教学提示

在学习如何进行室内设计之前,应该对室内设计的风格演变与发展趋势有一定的了解,从而可更好地协助人们进行设计。本章以较为有代表性的实例为参考,着重讲解传统室内装饰风格、现代室内设计风格、后现代室内设计风格、自然风格、混合型风格、当代室内设计的流派以及当代室内设计的发展趋势。

教学目标与要求

使学生了解室内设计的风格演变与发展趋势,培养其将发掘和整理历史所得到的一切信息升华到对当今设计具有指导意义的理论高度的能力,增强其对基本理论知识的学习和理解。

要求识记:室内设计的各种风格演变以及当代室内设计的流派。

领会:当代室内设计的发展趋势。

室内设计的风格属于室内环境中的艺术与精神范畴,是某种特定的表现形式和形式的荟萃,它的形成依赖于内在因素和外在因素的共同作用。内在因素主要表现在室内设计师和设计群体的个人才能与修养等;外在因素主要包括地域特征、社会人文特征、时代特征、科技发展等。需要注意的是,风格虽然主要表现于形式,但它绝不仅仅等同于或者停留于形式。一座建筑的风格绝不等同于样式,同样也不等同于形式。

从室内设计的发展历史来分,室内设计的风格主要分为传统风格、现代风格、后现代风格、自然风格和混合型风格等。

3.1 传统风格

传统风格能够给使用者延续历史文脉以及浓厚民族特征的感受,是现代人追求复古趋势的常用风格。虽然是复古,但传统风格并不只是简单的复制传统符号,而是在室内空间布置、形态、色调、材质、家具以及陈设等方面,从神与形出发,吸取传统养分。传统风格主要包括中国传统室内装饰风格、西方传统室内装饰风格两部分,具体介绍如下。

3.1.1 中国传统室内装饰风格

中国传统室内装饰风格依托于以木构架为主的建筑体系以及深厚的儒家思想,因此,从总体上看,具有鲜明的地域特色、民族特色和儒家文化色彩。

中国传统室内装饰风格受建筑的影响，在空间布局方面更加注重内外空间的关联性，依托建筑，借助不同形式的门、窗、廊子等建筑结构构件，通过直接通透、过渡、视觉延伸、借景、隔景、障景、漏景等空间组织手法，将室外的自然环境与室内空间很好地结合在一起。中国传统室内空间受传统建筑基本单位"间"的影响，在内部空间布局上受到一定的制约，因此，传统室内装饰风格更加注重空间设计方法，通过借助隔扇、罩、帷幕、博古架、屏风、屏板等空间分隔物围合空间，使空间虚实多变，层次丰富（见图3.1），并且常采用中轴对称的空间布局方法，以追求完整、均衡、稳定的意境（见图3.2）。由于受到儒家思想的深远影响，中国传统室内装饰风格更加注重室内装饰和陈设等各要素的艺术品位，要求能够体现居者的精神品味和社会地位。受中国传统艺术表现形式的影响，中国传统室内装饰在装饰陈设方面主要采用两种方法：一是运用传统书法、绘画、各类手工艺器皿、盆景、家具、雕刻、壁画等装饰手法对界面进行装饰；二是对建筑构件进行适当装饰，注重功能、结构、技术与形式美学的巧妙结合，如对梁、枋、藻井等建筑构件进行适当彩绘，对挂落、雀替等建筑构件的装饰，以及结合功能与装饰价值的建筑构件斗拱，都体现了形式和内容在设计中的统一。另外，中国传统室内装饰比较强调人们对精神和心理方面的需求，注重通过形声、形意、符号等象征手法激发人的联想，达到对空间意境的美好追求。

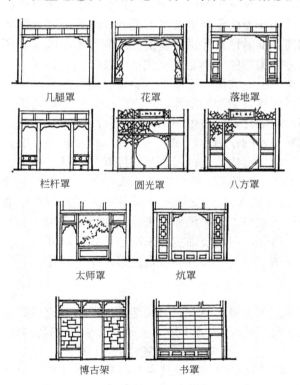

图3.1 明清时期常见室内空间分隔物——罩　　图3.2 传统厅堂的室内布置格局

家具在中国传统室内装饰风格的发展史中一直是最为活跃的元素之一，充分体现了实用性陈设的艺术价值。传统家具随着历史的变迁也得到了大力发展，尤其以明式家具——明代到清代乾隆时期的家具样式——发展所取得的成就最为突出，它达到了中国传统家具的高峰期，体现了内容和形式的高度统一。

3.1.2 西方传统室内装饰风格

西方传统室内装饰风格中最具代表性的有以下几种:哥特式室内装饰风格、欧洲文艺复兴室内装饰风格、巴洛克室内装饰风格、洛可可室内装饰风格、新古典主义室内装饰风格、维多利亚时期室内装饰风格。

1. 哥特式室内装饰风格

哥特式室内装饰风格产生于12世纪中叶,经历全盛的13世纪,至15世纪文艺复兴的兴起而衰落。由于这一时期基督教和教皇主宰一切,因此建筑成就主要集中于教堂建筑。为了配合基督教发展的需要,其建筑及室内装饰风格突出了"仰之弥高"的精神,强调纵向的线性美和升腾感,清冷高耸,达到了史无前例的高度。由于新技术的发明和应用,建筑和室内空间都有了质的飞跃。石扶壁与飞扶壁的产生,在成为中世纪大教堂外部显著特征的同时,给内部空间带来了前所未有的突破,开窗面积逐渐增大到充满整个两柱之间,这也为绘满圣经故事的彩色玻璃花窗的出现提供了可能性,阳光透过五彩的玻璃窗,惟妙惟肖地讲述着窗上绘制的圣经故事。源自东方的尖券的使用是哥特式室内装饰风格的又一显著特点。尖券大量地应用于玻璃窗、门窗的开口及室内家具和各种装饰物细部,为直线形式的出现提供了更多的可能性,同时也为加高教堂空间和统一空间效果起到一定的作用。例如,英国哥特时期的韦尔斯大教堂的内部结构就进行了大胆的探索和尝试,在十字交叉处每一个跨距,都有两个特大型的尖券,造型独一无二(见图3.3)。支柱强调垂直直线形式,逐渐消失的柱头使得骨架券延伸下来形成独特的毫无装饰的束柱。另外,室内装饰主要采用三叶式、四叶式、卷叶形花饰、兽类以及鸟类等自然形态作为基础。

图 3.3 英国韦尔斯大教堂室内

2. 欧洲文艺复兴室内装饰风格

文艺复兴始于14世纪的意大利,后来逐渐遍及整个欧洲,其意为再生、复兴之意,确切地说,文艺复兴并非是对古希腊、古罗马文化简单地再生和复制,而是通过学习和研究对古希腊、古罗马文化和秩序进行再认知和综合,因此,它有别于后来的复古主义和折衷主义。

由于对人性化的关注,文艺复兴时期的建筑及室内装饰成就主要体现于宗教建筑和世俗建筑。这一时期,古典柱式得以重新采用和发展。几何图形再次被作为母题广泛应用于室内装饰中。善于运用古代(如山花、卷涡花饰等)建筑样式,但能够将之与新技术新结构巧妙结合,创造出不同凡响的效果(见图3.4)。室内装饰开始采用人体雕塑、大型壁画和线形图案锻铁饰件,同时室内家具造型完美比例适度。文艺复兴是对14～16世纪欧洲文化的总称,因此,各国的文艺复兴室内装饰风格又都有着自己的特色。

另外,值得一提的是由于对人文主义的关怀,人作为个体跳出了中世纪的枷锁,个人成就在这个时期凸显出来,因此产生了如米开朗基罗、伯鲁乃列斯基、达·芬奇等文艺复兴时期建筑艺术领域的杰出人物。思想的解放为建筑理论的产生提供了良好的土壤,产生了大量的有价值的理论成果,使得文艺复兴时期成为建筑理论发展的重要阶段。例如,达·芬奇创建的以解剖学素描技巧为基础的建筑空间透视图、提出的集中式建筑理念及绘制的理想人体比例图;又如当时很多著作中都提到采用平面图与立面图或剖面图上下对齐,同时辅以剖面图和透视图的综合表现方式表达意念,这种表达方式的运用更有利于扩展空间理解能力;再如,人们在建筑及室内设计的过程中更加注重建筑模型所起的作用。

图 3.4 劳伦齐阿纳图书馆室内前厅楼梯(意大利,米开朗基罗)

3. 巴洛克室内装饰风格

随着历史和社会的发展,文艺复兴末期人们对室内装饰投入的热情逐渐大于对建筑本身投入的热情,形式主义得到了发展,并逐步进入了一个流派众多,纷繁复杂的时期。产生于意大利,以自由奔放、充满华丽装饰和世俗格调的巴洛克风格因最能够迎合当时天主教会和各国宫廷贵族的喜好而得到了发展,从而打破了人们对古典的盲目崇拜。

巴洛克风格的室内装饰中注重造型变化,多采用椭圆形、卵形、曲线与曲面等生动的形式。装饰手法朝着更加多样化和融合性发展,将建筑空间、构件与绘画、雕刻等艺术表现手法巧妙结合,创造出更加生动的、有机的装饰手法。这时的成就主要集中于天顶画,通过彩绘与灰泥雕刻相结合的手法,创造亦幻亦真的幻觉画、拱顶镶板画、透视天棚画等,如科尔托纳主持设计的巴尔贝尼宫室内装饰中的天顶画,给人们留下了难以磨灭的印象(见图3.5)。色彩方面在以纯色为主的同时用金色作为协调,并且以金银箔、宝石、纯金、青铜等贵重材料营造华贵富丽之感。墙面多采用名贵木材进行镶边处理,造型复杂精致。整个室内空间端庄华贵,体现人们对现实美好生活的追求(见图3.6)。

图 3.5 巴尔贝尼宫天顶画(意大利,科尔托纳)

图 3.6 麦克尔修道院室内(奥地利)

4. 洛可可室内装饰风格

17世纪末到18世纪初，路易十五时代，洛可可风格趋于主导地位，室内装饰风格开始倾向于追求华丽、轻盈、精致。洛可可一词是岩石和贝壳的意思，旨在表明其装饰形式的自然特征。

洛可可风格的室内装饰并没有强调任何母题，从总体上看，室内装饰更加趋于平面化而缺乏立体感。首先，墙面的装饰设计成为主要部分。墙面大量以经过精美线脚和花饰巧妙围合装饰的镶板或镜面进行装饰，整面墙体充满装饰元素，令人应接不暇。线脚及墙面壁画等均采用自然主义题材，缠绕的草叶和贝壳、棕榈随处可见。天顶画仍有着重要地位，但相较于巴洛克时期气势宏伟的天顶画，洛可可时期的天顶画更具田园气息，常以蓝天白云枝叶烘托室内自然柔美的气氛。为不影响整体平面化轻盈的感觉，整个室内空间装饰主要采用绘画和浅浮雕相结合的手法，造型变化丰富却无雕塑的厚重感可言。色彩上，常采用如嫩绿、粉红、玫红、天蓝等颜色，突出田园自然风格，线脚和装饰细节多采用金色作为对整体色调的协调。其次，洛可可室内装饰风格十分注重繁复、精致和金光闪烁的效果，因此，除了在界面装饰中大量运用镜面和剖光石材外，还大量选用如玻璃晶体吊灯、瓷器、金属工艺器等能够产生高反射效果的陈设品（见图3.7）。洛可可时期十分注重线形的设计与应用，无论是围合的线框还是家具线脚，常采用回旋曲折的贝壳曲线和精巧纤细的雕饰。例如，围合绘画作品以及镜面的线框并不都是直线装饰，而是以弯曲柔美的曲线较为多见。又如桌椅的弯脚设计，柔美灵巧。洛可可时期，人们具有浓厚的东方情节，因此，一些源自东方的绢织品和中国陶瓷是这一时期室内较多选用的陈设品。

图3.7　维沙小室（法国）

5. 新古典主义室内装饰风格

对矫揉造作的巴洛克、洛可可风格的厌倦，考古界对于古典遗址的再次发掘，启蒙思想的推动，这些作为内在和外在的因素都推动了人们对于古典文化的重新认识和推崇。

新古典主义室内装饰风格虽然注重以古典美作为典范美，但是更加注重现实生活中的功能性。整个室内装饰风格意图从古典美的逻辑规律和理性原则中寻求精神的共鸣和心灵的释放，以简洁的几何形式和古典柱式作为设计的母题。在功能空间布局上，更加符合人们对于空间的使用要求，力求布局舒适，功能合理。整个室内空间体现出庄重、华丽、单纯的格调。

6. 维多利亚时期室内装饰风格

维多利亚室内装饰风格是由于英国维多利亚女王而得名，其在位的近一个世纪里欧美国家流行的风格统称为维多利亚风格。因其覆盖面广和近一个世纪的发展影响，所以维多利亚风格所呈现的具体风格样式并不是一种统一的风格，而是各种欧洲古典风格的折中——古典折衷主义，但受资产阶级利益驱使仍追求繁琐华贵的装饰手法（见图3.8）。

这里介绍一下折衷主义的概念，折衷主义较为追求形式的外在美，讲究比例，注意形体的推敲，对于具体的装饰手法和语言没有严格的固定程式，任意模仿历史上的各种风格，或对各种风格进行自由组合。这一时期的折衷主义在某种程度上体现了人们对于创新的需求和美好愿望，能够促进新观念、新形式的形成。

另外，一些西方传统室内装饰手法也是值得我们关注和借鉴的，如古罗马时期人们首创在墙面上绘制具有进深感的壁画，并将壁画与门、窗等原有建筑构件很好地结合在一起，形成丰富的室内空间效果（见图3.9），这种手法对以后的室内空间设计具有一定影响，如现代室内设计中虚幻空间的设计也可以采用这种手法来完成。拜占庭时期对大穹顶的装饰处理手法主要采用以不同方向铺贴玻璃马赛克，同时在底部铺金箔，使得在光线的照射下达到金光闪闪的灵动之美。这种手法能够为我们的现代室内装饰提供一定的借鉴。洛可可时期大量运用镜面的装饰手法，也对现代光亮派的设计产生了一定影响。

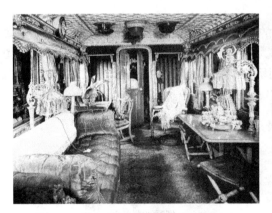

图3.8 维多利亚女王的皇家车厢室内

图3.9 古罗马庞贝住宅的具有立体纵深感的壁画

3.1.3 日本传统室内装饰风格

日本传统建筑及室内装饰风格最为突出的特点是始终坚持与自然环境保持协调关系。日本人秉承的这种自然观更加强调人应该作为自然的一部分融入自然，因此，非常重视建筑物周围自然景色的设计及室内空间环境与自然景物间的关系。室内装饰风格简洁朴实，没有过多家具陈设，注重细节设计。日本镰仓、室町时代的住宅由寝殿造（是指日本早期

图 3.10　日本姬路城堡的接待厅

飞鸟、奈良、平安时代出现的房屋整个空间布局对称,没有固定墙壁只有活动拉门的住宅样式)向书院造过渡,这也是构成今天盛行的日本和风住宅的渊源。室内空间在平面上更加开敞、空间划分更加灵活、室内装饰仍以简朴清雅为主,只在押板和违棚以悬挂字画和摆放插花这些清供作为装饰(见图3.10)。这时的建筑室内空间都是以一叠"榻榻米"作为单位,这也是现代和风室内装饰的重要元素之一。

3.1.4　伊斯兰传统室内装饰风格

伊斯兰教与佛教、基督教并称为世界三大宗教。其文化艺术在继承了古波斯的传统上,又吸取了西方的希腊、罗马、拜占庭甚至东方的中国、印度的文化艺术,形成了举世无双的伊斯兰文化。伊斯兰建筑的主要成就集中于清真寺,另外还有宫殿和陵墓。清真寺在建筑上的特点主要集中于礼拜堂圆穹顶及高高的召拜塔。其室内装饰特点主要有以下几个方面:

(1) 室内空间通过拱券和穹顶变得更加灵活丰富。拱券主要有双圆心拱券、马蹄形、海扇形、复叶形、火焰式等,这些券在重叠使用时能够产生蓬勃升腾的气势(见图3.11)。

(2) 室内墙面上大面积采用手法多样的表面装饰,并且装饰图案丰富多样,主要有以直线为基础的几何形图案,以阿拉伯字母为基础而变形的花体书法,以及以曲线为图案基础的波浪或卷涡形式。需要注意的是早期伊斯兰文化受拜占庭的影响装饰题材比较自由,但后来教规严禁以人物和动物为装饰题材(见图3.12)。

图 3.11　科尔多瓦大清真寺圣龛前厅

图 3.12　伊斯兰风格中常用的三种装饰图案

(3) 装饰手法也较为多样，如在抹灰的墙上进行粉画绘制，又如趁湿在较厚的灰浆层上模印图案，或者用砖直接垒砌出图案和花纹等。

3.2 现代风格

3.2.1 新艺术运动室内装饰风格

从某种意义上说，新艺术运动室内装饰风格是真正的创新。它以一种全新的装饰手法，借助工业时代的新技术新材料，完全摒弃了古典和传统。这种全新的手法是指运用抽象的图案模仿自然界草本花卉形态的曲线，注重线条的流畅与柔美，对于曲线的应用深入到每个细节，如建筑构件、家具、陈设及界面装饰等各个方面，体现了"曲线美胜于一切"的理念。

比利时建筑师维克多·奥尔塔和西班牙设计师是这一风格的领军人物。维克多·奥尔塔在布鲁塞尔的都灵路 12 号住宅设计中，将曲线和标新立异的造型贯彻始终，缠绕盘结在两柱上的铁质卷须造型，形象生动有趣。这种缠绕的卷须的造型在墙面、地面及部分构件的装饰中都有运用（见图 3.13）。安东尼奥·高迪的设计作品更加体现了加泰兰文化，与奥尔塔不同，他更善于将建筑和室内空间看做一个剧场的舞台，更加注重造型及雕塑方面的戏剧性效果。这种风格不但体现在建筑外形、室内空间上，同时还表现在家具和固定构件、装饰等部位，如卡尔韦特之家的家具设计，造型生动。值得一提的是，设计师将光怪陆离的造型手法和具体共用很好地结合起来，如高迪的卡尔韦特之家餐厅门上年代的数字设计及金属门把手设计（见图 3.14）。

图 3.13　布鲁塞尔都灵路
12 号楼梯厅

图 3.14　卡尔韦特之家
餐厅门的设计

3.2.2 包豪斯学派室内装饰风格

现代主义风格起源于1919年包豪斯学派的成立,但该学派于1933年被对现代主义极端排斥的纳粹分子关闭,以瓦尔特·格罗皮乌斯创建于德国魏玛的包豪斯学校得名,它被称为20世纪最具影响力,同时也是最具争议的艺术学院。进入20世纪,欧美发达国家工业技术急速发展,也为艺术文化领域的变革提供了可能性,现代主义应运而生,它主张设计应该满足时代的要求,应该为广大民众服务,实现其最大价值,而不应只作为少数人的陈设赏玩存在。设计要求造型简洁,能够与工业化批量生产相适应,但这并不简单等同于几何形式,这样才能更好地使设计服务于最广大民众。设计领域也从过去的宗教建筑、世俗建筑、贵族的陈设品扩展到大众生活的方方面面,建筑、室内、家具、陈设用品,甚至瓦尔特·格罗皮乌斯和迈耶共同设计的法格斯制鞋工厂厂房(图3.15~图3.17)。

图 3.15 包豪斯学生宿舍(格罗皮乌斯)

图 3.16 瓦西里扶手椅(镀铬钢管制成)

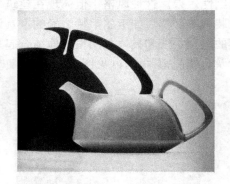

图 3.17 茶具(德·苏莎和麦克米伦设计)

包豪斯室内装饰风格注重功能与空间的组合,结构与审美的组合,技术与艺术的结合。整个室内空间和内部家具等造型简洁,无多余装饰。包豪斯室内装饰风格认为合理的功能空间组织、工艺构成、材料性能才是设计的根本。在现代教育理念方面,主张设计与工业生产相结合,学生和设计师应该在做中求学。这时的主要代表人物有建筑师格罗皮乌斯、密斯、赖特、汉斯·迈耶,家具设计师马谢·布鲁尔,以及教育先驱纳吉和瓦西里·康定斯基等。

整个现代主义各种风格的产生和发展都是与优秀的建筑师和设计师分不开的。他们在整个现代主义这个大的时代背景下,以个人多年的研究、实践及人生机遇,逐渐形成了其个人的、独特的设计风格。

3.2.3 赖特室内装饰风格

"赖特式"建筑室内风格得名于建筑师弗兰克·劳埃德·赖特。早期,他提出了具有自然风格倾向的"草原风格",主张建筑首先应该与其周围环境相融合,虽然造型新颖但应该是环境的一部分。室内应该很少装饰,内部明亮宽敞,建筑师内外应该是渗透的、有机联系的。晚期,赖特仍然坚持建筑设计和室内设计是环境的一部分这一设计理念,但在建筑和室内设计本身更加强调对自然界有机生物的研究和深刻理解,其晚年的大多数作品的灵感都来源于大自然。认为"有机建筑是由内而外的建筑。它的目标是整体性,有机表示的是内在——哲学意义上的整体性"。秉承这一理念,建筑设计体现了由内而外的、形式和功能合一的特点,形成一种完全不同的设计道路,如流水别墅(见图3.18)、古根海姆博物馆、约翰逊制蜡公司办公楼(见图3.19)等。为了寻求内外风格的统一,设计师除设计建筑、室内空间外,还对室内内含物进行了相应的设计,如家具、陈设(见图3.20)等。由于赖特自始至终都强调建筑和室内设计是环境的一部分,因此,其设计作品中更加具有场所精神,更能植根于环境,是真正如同植物般生长于大地上的建筑。

图 3.18 流水别墅室内

图 3.19 约翰逊制蜡公司

图 3.20 以日本折纸为灵感的室内家具

3.2.4　勒·柯布西耶室内装饰风格

法国建筑师勒·柯布西耶是现代主义先驱之一，他是现代主义大师中论述最多、最全面，同时也是集绘画、雕塑和建筑于一身的建筑大师。早期，他提出住宅应该是"居住的机器"，应该将美学与技术相结合，应该体现时代精神，应该是由内到外的设计。体现其早期设计理论的作品萨伏伊别墅，被认为有着重要的历史意义，是对现代主义建筑的很好的总结。之后，人们便用这个标准来衡量和界定现代主义建筑：①建筑底层采用独立支柱进行架空；②外立面上具有水平的横向长窗；③建筑具有自由的平面，建筑的框架结构允许使用者按自己的需要和意愿进行空间的自由组合和划分；④整个建筑外立面具有自由的立面形式，外墙不是整体式外墙，可以分为窗户和其他一些必要的部件，即可以采用虚实变化的设计形式；⑤由于建筑本身占用了草地，因此，在屋顶设置屋顶花园，体现现代建筑对使用者亲近自然的人性关怀(见图 3.21)。

勒·柯布西耶晚年的作品更具粗野主义和宗教神秘主义的风格，如朗香教堂(见图 3.22)和拉图雷特圣玛丽修道院的设计，无论是建筑形体还是内部使用空间，或是内部陈设装饰，都表现了设计师独特的卓越的设计能力。

图 3.21　萨伏伊别墅

图 3.22　朗香教堂室内

3.2.5　密斯·凡·德·罗室内装饰风格

密斯·凡·德·罗，曾于 1930—1933 年担任包豪斯学校校长，是国际主义的领军人物。密斯通过不断的摸索、总结、尝试，提出了著名的"少就是多"的设计理念。他的早期巨作，1929 年巴塞罗那博览会德国展览馆，充分体现了他在空间设计方面的超凡能力，同时也体现了其"少就是多"的设计理念。整个展览馆没有多余的装饰，刻意的变化及繁复的陈设，墙体和结构也是恰到好处，游走于其中视线开合有序，整个设计在静态中体现了空间的连贯、流动和富于变化，充分体现和预示了其"流通空间"和"全面空间"的空间设计理念(见图 3.23)。"少就是多"设计理念影响了整个现代主义和国际主义,"少"并非空白,而是要通过简洁的形式语言给予设计最完美的表现,密斯对于"少"的处理手法突出表现于空间与细部处理两方面,这也使得如石材、钢材、玻璃等现代、冷冰的材质在密斯的建筑中却变得生机而有活力。

另外,密斯还对家具设计十分感兴趣,其设计的巴塞罗那椅(见图 3.24)、藤编镀铬钢管椅(见图 3.25)、"先生"椅至今仍占据一席之地。

图 3.23 巴塞罗那博览会德国展览馆

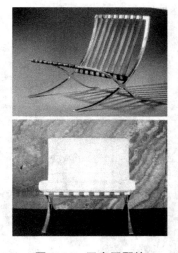

图 3.24 巴塞罗那椅

图 3.25 藤编镀铬钢管椅

3.3 后现代风格

"后现代"一词最早由西班牙作家德·奥尼斯在其《西班牙与西班牙语类诗选》中提出,用以描述现代主义内部发生的一种逆变。后现代被发展为建筑理论基础,还要归于后现代主义建筑大师罗伯特·文丘里,他在 1966 年的《建筑的复杂性和矛盾性》一书中提出,现代主义过于崇拜的、理性的、逻辑的理念是对建筑和设计的人情味及生活化的一种扼杀,最终导致建筑设计或者其他设计乏味的是人们产生视觉甚至身心的疲劳。后现代主义建筑风格和室内装饰风格与现代主义是完全不同的,它从现代主义和国际风格的大环境和土壤中衍生出来,但是却对这些进行了彻底的反思、批判和修正,是某种程度地超越。这种超越和修正并没有明确的界线,因此在后现代这一风格的统领下,又存在着不尽相同的多种立足点和表现特征。例如,传统的现代主义和戏谑的古典主义,二者虽然设计手法不同,但都是对现代主义和国际主义理性的、逻辑的批判,都属于后现代主义的范畴。

戏谑的古典主义主要采用折中的、戏谑的、嘲讽的手法,运用了部分古典主义的形式和符号，体现了对历史的延续性，但并不受制于古典的思维方式、逻辑秩序及设计规则。通过各种制造矛盾的方法使得整个建筑和室内空间产生含混、复杂的效果，使人产生各种联想。戏谑的古典主义室内装饰风格充满了游戏、调侃的色彩，将不同历史时期的、不同地域的、不同国家的语言和符号组合在一起，使得室内空间更具有喜剧感和象征性（见图3.26）。具体手法有：扭曲、变形、断裂、错位和夸大等。

传统现代主义并没有明显的嘲讽和戏谑，设计中采用大胆、夸张的设计语言，运用适当的古典的比例、尺度、符号等，更注意细节装饰，有时采用折衷主义手法，使得设计内容更加丰富，整体室内装饰风格更加奢华（见图3.27）。

后现代主义代表人物有文丘里、格雷夫斯、约翰逊和汉斯·霍拉因等。

图3.26　奥地利旅行社室内中庭
（维也纳，汉斯·霍拉因斯）

图3.27　凯越酒店室内中庭大堂
（日本福冈，格雷夫斯）

3.4　自 然 风 格

自然风格的室内设计追求自然美和充满自然情趣的空间环境。自然风格的室内空间环境是长时间被现代主义的钢筋混凝土包裹的现代人在高科技、高节奏的社会生活中所追求的寄托身心的场所。人们更加向往室外大自然的清新气息，更加追求朴素的设计风格和理念。自然风格的室内装饰设计中，无论是对界面的设计还是对陈设的设计和选用，通常都采用如木、石、竹、藤、麻等天然材质来完成，并尽量用设计师的眼光从审美的角度体现它们的天然纹理的美感。此外，这类风格的室内空间设计还常通过模拟某一地域的自然特征或是将自然之物的形或神引入室内来达到整个室内空间的自然之趣。具体可以通过具象和抽象两种手法来完成。例如，在室内引入具象的树木、竹子、山石等，也可通过现代技术和材料以抽象的形式营造自然的情趣（见图 3.28）。虽然手法多样，但最终都是追求"回归自然"，满足人们心理和生理的需要。田园风格由于设计宗旨和手法与自然风格相似，因此也常被归于其中。

另外，对自然风格的追求，又存在地域特征。不同地域、不同民族的人们对自然的理解和审美存在着一定的民族性的差异。例如，东方和西方对自然的审美存在着差异，中国的西藏、云南和江南在自然审美方面也存在着一定差异。这就使得"乡土风格"、"地方风格"和"自然风格"有机地结合在一起。

图 3.28 自然风格住宅卧室

3.5 混合型风格

混合型风格是随着现代室内设计多元化的局势应运而生的。混合型风格的室内设计是在确保使用功能合理舒适的前提下，采用多种手法对古今中外的多种风格进行混搭糅合，以形成新的、丰富的格调。这种手法类似于折衷主义的设计手法，注重比例尺度和细节推敲，追求形式美感。

3.6 当代室内设计的流派

随着室内设计逐渐与建筑设计分离开，20 世纪后期的几十年中，室内设计获得了前所未有的发展，呈现出欣欣向荣的景象。

3.6.1 高技派

高技派是随着科学技术的大力发展而出现的。高技派主张室内空间要充分体现现代科学技术及新工艺新材料的应用，将体现机械美作为室内空间环境设计的宗旨。高技派的室内设计除大量采用高强度钢、高强度玻璃、硬铝、合成材料等新技术材料外，还十分注重通过细节表现科技感。高技派的室内设计还常采用内部结构外露的方法给人以技术和科技贯彻于每个角落的感觉。为了体现结构和技术，围合空间的各界面常采用透明和半透明材质，以达到理想的透视效果，如采用透明材质对电梯和自动扶梯的传送装置进行处理。代表作有巴黎的蓬皮杜艺术中心（见图 3.29）、香港的汇丰银行（见图 3.30）、法国的现代阿拉伯研究中心。

图 3.29 蓬皮杜国家艺术中心室内展厅（法国）　　图 3.30 香港汇丰银行室内中庭

3.6.2 解构主义派

解构主义始于 20 世纪 80 年代后期，是对正统设计理念和设计准则的批判与否定。其设计常采用扭曲、错位、变形、夸张、肢解、重构等手法，使整个室内空间表现出一种失衡、无序、突变、动态。室内空间常表现为错综复杂和富于变化，而构成这种复杂性的元素又以一种无关联的片段的形式进行叠加，没有显而易见的秩序和合理性可言。由于设计手法凸显冲突和突变，所以解构主义的室内空间更加具有喜剧效果，更具有感染力（见图 3.31）。解构主义由于并不遵从正统的设计理念和原则，所以更加具有设计师本人的任意性。例如，弗兰克·盖里设计的盖里住宅（见图 3.31）、西班牙哥根汗姆博物馆、美国洛杉矶迪斯尼音乐厅等。英国女建筑师扎哈·哈迪德也是解构主义的代表人物，其代表作有日本札幌文松酒吧、维特拉消防站（见图 3.32）、辛辛那提当代艺术中心等。

图 3.31 盖里住宅室内厨房　　图 3.32 维特拉消防站室内

3.6.3 极简主义

极简主义主张室内空间形象单纯、抽象,认为在满足功能需要基础上的"少"才是室内设计的真谛。极简主义的室内设计中,十分重视对于室内空间每个构成要素的尺度运用和形体塑造,力求以简单的、规则的或不规则的几何形式形成简洁明了的有序的空间形象。由于设计中强调形体的单纯和抽象,所以色彩和材质的合理运用及光与影关系也就成为诠释和丰富空间形象的最好方法。极简主义室内空间常给人安静闲适的感觉,整个空间更具有雕塑感和构成感。例如,法国的拉皮鲁兹酒店室内(见图3.33)和日本的Itchoh吧。

图 3.33 拉皮鲁兹酒店室内

3.6.4 超现实派

超现实的室内设计是以一种超越理性客观存在的纯艺术的手法去设计空间,以满足人们的心理和视觉的猎奇。在室内空间设计中标新立异,常采用怪诞的造型和寓意创造奇幻的空间效果,使用者有如置身于舞台一般的感觉。设计中大胆地运用悖于逻辑的方式,利用照明、色彩和材质烘托气氛,例如将毛皮用于顶面装饰等,总之,整个室内空间几近可能地采用超乎想象的方式出现(见图3.34)。超现实派室内设计在注重形式美感的同时不可避免地会与使用功能产生或多或少的冲突,如何更好地将这种冲突矛盾化解是设计时需要认真考虑的。

图 3.34 某专卖店室内

3.6.5 白色派

白色派室内设计是以室内大面积采用白色而得名的。室内背景色中除地面不受色彩限制外,其他均为白色,这样的背景色能够给室内空间中的内含物提供利于展示的舞台和背景。白色派室内设计由于以白色为基调色,因此,光线在对空间的表现方面起着重要作用(见图3.35)。

早期的白色派室内简洁朴实,随着经济和社会的发展,人们更多地倾向于将白色派与其他风格进行搭配,使这种风格具有更好的展示舞台。

图 3.35 某住宅室内

3.6.6 光亮派

光亮派是指通过高反射材质和照明相结合的手法形成丰富、夸张、戏剧性的室内氛围。为了表现室内空间的丰富性,早在流行于18世纪初的洛可可风格中就有了在室内空间运用高反射材质的先例,如当时法国尚蒂伊城的"国王客厅"的墙面设计。同样,当代设计中,为了体现有限空间的丰富性,光亮派在室内大量采用诸如不锈钢、铝合金、镜面玻璃、剖光石材及复合光滑面板等具有高反射的材质,以达到对空间的扩展和丰富。光亮派在室内设计中非常注重照明效果的设计,重视照明与反射材质间的相互作用关系。室内内含物的选用也趋向于具有高反射性质的物体,如金属陈设、水晶吊灯、采用金属支架的家具等,使室内空间更加绚丽夺目(见图3.36)。

图 3.36　某展厅室内

3.6.7 新古典主义

新古典主义是当代室内设计比较流行的一种风格,由于具有一定的历史怀旧情怀,所以也常被称为"历史主义"。新古典主义室内设计风格强调在满足现代使用功能的前提下运用传统美学原理与现代技术、材料和结构相结合的方式,采用古典样式或在古典样式的基础上进行适当地创造,以达到规整、典雅、高贵、精致的室内空间效果。古典家具、灯具及陈设品对于新古典主义室内空间环境的营造和烘托起着极其重要的作用(见图3.37)。

另外,新古典主义还有一些其他倾向,如对老建筑的保护、新地方主义、绿色建筑等。

图 3.37　某商业空间室内中庭

3.7 室内设计发展趋势

经过半个多世纪的发展,我国的室内设计学科由20世纪50~60年代发端时依附于建筑设计的状态,逐渐发展为现在的多学科领域相结合的独立体系,并且在逐步趋向完善,发展方向也逐渐与国际接轨。我国现代室内设计发展趋势可归纳为以下几种:

(1) 关注人性化和人文化。室内设计的人性化和人文化应体现在"和谐"这一层面，一个室内空间的和谐应该是环境与空间的和谐、人与空间的和谐、人与空间和环境的和谐等。同时，现代的室内空间设计更加强调其精神功能。室内设计师对于人性化的关注还体现于无障碍设计在现代室内设计中被广泛的关注。总之，现代室内设计正在朝着从细微之处关心人性发展。

(2) 关心节能环保与生态设计。未来的室内设计将朝着绿色、生态和可持续发展的方向发展。节能环保设计源于人类对自然健康的人性追求，主要体现在节约能源、节约资源、材料环保等方面的控制。各类装饰装修材料也逐渐向环保无害方向发展。

(3) 注重原创性。广大室内设计师对"以人为本"理念的认知正在不断加深，更注重对人的生理及心理的关怀，认真地从功能、形式、造价等多方面考虑每个项目的特点，发掘项目的内涵特征，对形式的简单模仿和抄袭的现象正逐渐减少。设计师应发挥和释放巨大的个性创造力，实现和创造梦想的空间。

(4) 国际化与中国特色文化并存。现在中国城市建筑的主要形式是钢筋水泥结构的楼房，已远离传统的木结构院落生活，现代中国人已接受了这种构造形式下的现代生活方式，并保留着深厚的中国传统文化情节。一方面要不断深入挖掘中国传统文化的精髓；另一方面可以通过信息技术的交流平台及时了解到全世界不同地方的新生事物，吸取国际上的优秀事物为我所用，国际化与民族化将在中国同时向前发展。

(5) 整合设计。未来的室内设计将对人、自然和社会进行整合，设计师和其他专业人员都要超越各自的专业界线相互协作。平面设计、工业设计、家具设计、电子技术、信息技术等原本不相互联系的专业将通过科学与艺术的手段，对功能、形式与技术进行协调，共同融合产生新的设计理念，这样将能够为室内设计提供更加多变的可能性，为人类创造更多的文化品质和更人性化的生活环境。

本 章 小 结

室内设计在其漫长的发展历史中，逐渐从建筑的从属地位独立出来，并与众多学科领域相融合形成了完善的室内设计体系，在其不断尝试和总结的过程中，发展成为更具生命力、更关注自然、关注人性、关注历史延续的设计门类。对历史风格流派的学习有助于设计师用历史的整体的眼光看待和解决问题。新材料和新结构技术在当代和未来可能为人们的生活带来改变，这是不可避免的，设计师应该站在历史的观点上，以无限的热情去关注人的需要，关注环境与人的关系。

思 考 题

1. 如何理解风格的形成是内在与外在因素共同作用的结果？
2. 如何看待室内设计中诸多历史风格流派的复古情怀？
3. 如何以发展的眼光看当代室内设计的发展趋势？

第4章
室内设计的空间组织

教学提示

在学习和了解了室内设计的风格和发展趋势后,应开始深入学习如何去创造空间,满足人们基本的生活需求。本章从设计角度出发,以现实中的实例作为参考,着重讲解室内空间的概念特性与功能,空间的限定手段和组织方法,室内空间的类型、设计原则及其形式美的规律在室内设计中的应用和表达。

教学目标与要求

使学生了解室内空间的基本概念、室内空间的类型、设计原则及形式美的规律等,引导其对室内设计的空间、造型、美学及行为心理学等知识领域展开讨论,增强其对基本设计理论的理解。

要求识记:室内空间的概念和特性、室内空间的限定要素及组织方法、室内空间的类型及设计原则。

领会:形式美的规律(如均衡与稳定)、对比与位差、节奏与韵律、重点与一般、比例与尺度。

人类劳动的显著特点就是不但能适应环境,而且能改造环境。从原始人的穴居发展到具有完善设施的室内空间,是人类经过漫长的岁月对自然环境进行长期改造的结果。最早的室内空间是3000年前的洞窟,从洞窟内的反映当时游牧生活的壁画来看,人类早期就注意装饰自己的居住环境。室内环境是反映人类物质生活和精神生活的一面镜子,是生活创造的舞台。人的本质趋向于有选择地对待现实,并按照自己的思想、愿望来加以改造和调整,因为现实环境总是不能满足他们的要求。不同时代的生活方式,对室内空间提出了不同的要求,正是由于人类不断改造和现实生活紧密相连的室内环境,使得室内空间的发展变化永无止境。

4.1 空间原则

对室内设计来说,其本质即是对空间环境的再创造。如何定义空间,限定空间以及组织空间是我们首先要认识的问题。

4.1.1 室内空间的概念、特性与功能

1. 室内空间的概念

《道德经》中说:"三十辐共一毂,当其无,有车之用。埏埴以为器,当其无,有器之

用。凿户牖以为室，当其无，有室之用。故有之以为利，无之以为用。"这句话的意思就是说：用三十根辐条制造的一个车轮，当中空的地方可以用来装车轴，这样才有了车的作用。用泥土烧成的器皿，当中是空的所以才能放东西，这样才有了器皿的作用。开窗户造房子，当中是空的所以可以放东西和住人，这样才有了房屋的作用。因此"有"带给人们便利，"无"才是最大的作用。"有"和"无"看出了"利"和"用"的因果关系，老子的本意讲的是虚实、有无的关系，但恰好阐述了空间的实质，为我们研究内部空间提供了有益的启示。这可能是中国历史上乃至世界上最早的关于"室内空间"的论述。

就建筑物而言，"空间"一般是指由结构和界面所限定围合的供人们活动、生活、工作的空的部分。而室内空间，具有顶界面是其最大的特点。对于一个六面体的房间来说，很容易区分室内空间和室外空间，但有时往往可以表现出多种多样的内外空间关系，确实难以在性质上加以区别。但现实的生活经验告诉人们：有无顶界面是区分室内空间与室外空间的关键因素。

人对空间的需要，是一个从低级到高级，从满足生活上的需求到满足心理上的精神生活需求的发展过程。人们的需要随着社会的发展提出不同的要求，空间随着时间的变化而相应发生改变，这是一个相互影响、相互联系的动态过程。因此，室内空间的内涵也不是一成不变的，而是在不断补充、创新和完善。

进入近现代后，空间观有了新的发展，室内空间已经突破了六面体的概念。西班牙巴塞罗那世界博览会的德国馆(见图 4.1 和图 4.2)，没有被简单的划分成传统的六面体式的房间，而采用平滑的隔板，交错组合，使空间成了一个相互交融、自由流动、界限朦胧的组合体。

图 4.1 世博会德国馆室内

图 4.2 世博会德国馆外景

2. 室内空间的特性与功能

(1) 室内空间的特性受空间形状、尺度大小、空间的分隔与联系、空间组合形式、空间造型等方面的影响。

(2) 室内空间由点、线、面、体占据，扩展或围合而成，具有形状、色彩、材质等视觉因素，以及位置、方向、重心等关系要素，尤其还具有通风、采光、隔声、保暖等使用方面的物理环境要求。这些要素直接影响室内空间的形状与造型。

(3) 室内空间造型决定着空间性格，而空间造型往往又由功能的具体要求而体现，空间的性格是功能的自然流露。

(4) 空间的功能使用要求也制约着室内空间的尺度，如过大的居室难以营造亲切、温馨的气氛，过低过小的公共空间会使人感到局限与压抑，也影响使用、交通、疏散等，因此，在设计时要考虑适合人们生理与心理需要的合理的比例与尺度。

(5) 空间的尺度感不是只在空间大小上得到体现。同一单位面积的空间，许多细部处理的不同也会产生不同的尺度感。如室内构件大小，空间的色彩、图案，门窗的开洞的形状与大小、位置及房间家具、陈设的大小，光线强弱，材料表面的肌理纹路等，都会影响空间的尺度。如图4.3所示为不同材质的墙面纹理对室内空间的影响。

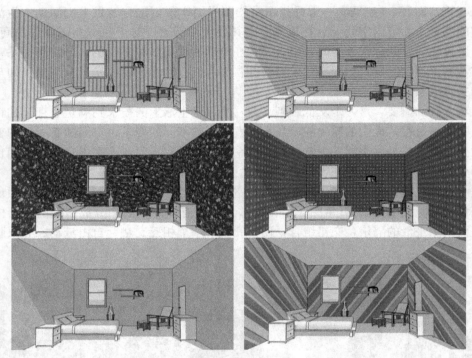

图4.3　不同材质的墙面纹理对室内空间的影响

3. 室内空间的功能

室内空间的功能主要包括物质功能和精神功能。

(1) 物质功能包括使用上的要求，如空间的面积、大小、形状，适合的家具、设备布置，使用方便，节约空间，交通组织、疏散、消防、安全等措施，以及科学地创造良好的采光、照明、通风、隔声、隔热等的物理环境等。

(2) 精神功能是在物质功能的基础上，满足物质功能的同时，从人的文化、心理需求出发，如不同的人的爱好、愿望、意志、审美情趣、民族文化、民族象征、民族风格等，并能充分体现在空间形式的处理和空间形象的塑造上，使人们获得精神上的满足和美的享受。

4.1.2　室内空间的限定与限定度

在室内设计中，只有对空间加以目的性的限定，才能具有实际的设计意义。抽象的空间要素点、线、面、体，在实体建筑中，表现为客观存在的限定要素。室内空间就是由这些实在的限定要素（柱、地面、顶棚、四壁）围合成的空间，就像是一个个形状不同的盒子。人们把这些限定空间的要素称为界面。界面有形状、比例、尺度和式样的变化，这些变化造成了室内外空间的功能与风格的差异，使室内外的环境呈现出不同的氛围。

1. 空间限定的方法

（1）设立：把限定元素设置于原空间中，而在该元素周围限定出一个新的空间的方式。在该限定元素周围常常可形成一种环形空间，限定元素本身也经常作为吸引人视线的焦点。

在室内设计中，一组家具、雕塑或陈设品等都可以成为这种限定元素，它们既可以是单向的，又可以是多向的；既可以是同一类的物体，又可以是不同种类的（见图4.4）。

图4.4　设计在室内空间中的表达

（2）围合：围合是一种基本的空间分隔方式和限定方式。围合，有一个内外之分，且它至少要有多于一个方向的面才能成立。而分隔是将空间再划分成几部分。有时围合与分隔的要素是相同的，围合要素本身可能就是分隔要素，或分隔要素组合在一起形成围合的感觉。在这时候，围合与分隔的界限就不那么明确了。如果一定要区分，则对于被围起来的部分，即这个新的"子空间"来说就是"分隔"了。在室内空间，利用这些要素再围合，可以形成一些小区域并使空间有层次感，既能满足使用要求，又有给人以精神上的享受。例如，中国传统建筑中的"花罩"，"屏风"等就是典型的分隔形式，它可以将一个空间分为书房、客厅及卧室等几部分，划分了区域也装饰了室内空间。又如，大空间办公室中常用家具或隔断构件将大空间划分若干小组团，在每个小组团里有种围合感，创造了相对安静的工作区域；这些小组团外侧则是交通区域和休息区域，使每个组团之间既有联系又具有相对的区域性，很适合现代办公的空间要求和管理方式。如图4.5所示为围合/分隔空间。

（3）覆盖：在自然空间中进行限定，只要有了覆盖就有了室内的感觉。四周围得再严密，如果没有顶的话，虽有向心感，但也不能算是室内空间；而一个茅草亭，哪怕它再简陋破旧，也会给人室内的感觉，其主要原因就在于它满足了覆盖的要求。如图4.6所示为通过薄纱的覆盖区分和限定空间。

图4.5　围合/分隔空间

图4.6　通过薄纱的覆盖区分和限定空间

在自然空间里有了覆盖就可以阻挡阳光和雨雪，就使空间内外有了质的区别。在室内空间里再用覆盖的要素进行限定，可以有许多心理感受。例如，在空间较大时，人离屋顶距离远，感觉不那么明确，就在局部再加顶，进行再限定，如在床的上部设幔帐或将某一部分的顶局部吊下来，使这顶与人距离近些，尺度更加宜人，心理感觉也亲切、惬意。有时为了改变原有屋顶给人的不适感，也可以用不同的形式或材料重新设置覆盖物，软化了整个环境的情调。

室内空间与室外空间的最大区别就在于室内空间一般总是被顶界面覆盖的，正是由于这些覆盖物的存在，才使室内空间具有遮强光和避风雨等特征。覆盖的方法常用于比较高大的室内环境中，当然由于限定元素的透明度、质感及离地距离等的不同，其所形成的限定效果也有所不同。

（4）凸起：楼板地面的标高不同，可以视为不同的使用空间。凸起所形成的空间高出周围的地面，在室内设计中，这种空间形式有强调、突出和展示等功能，当然有时也具有限制人们活动的意味。如图4.7所示的利用地台来限定空间。

（5）下沉：与凸起相对，下沉是另一种空间限定方法，使某一区域低于周边区域的标高，呈下沉状态，在室内设计中常常起到意想不到的效果。

这种限定通过变化地面高差达到限定的目的，使该限定空间在母空间中得到强调或与其他空间加以区分。对于在地面上运用下沉手法限定来说，效果与低的围合类似，但更具安全感，受周围的干扰也较小。因为标高低于其他空间，其本身不易引起关注，不会有众目睽睽之感，特别是在公共空间中人在下沉空间中心理上会比较自如和放松。有些家庭起居室中也常把一部分地面降低，沿周边布置沙发，使家的亲切感更强，更像一个远离尘世的窝（见图4.8）。而凸起与下沉相反，可使这一区域更加引人注目，像教堂中的讲坛和歌厅中的小舞台就是为了使位置更加突出，以引起人们的视觉注意。

图4.7 利用地台限定空间

图4.8 室内的下沉空间

（6）架起：在室内设计中，在原空间中，局部设置或增加一层或多层空间的限定手法。如图4.9所示，这样可以有助于丰富室内空间的效果，增加层次感。

（7）运用肌理、色彩、形状、照明等的变化：通过界面质感、色彩、形状、照明等的变化也常可以限定空间。但这些限定元素是通过人的意识发挥作用，因此其限定的程度较低。如果这种限定方式和某些规则或习俗等结合时，其限定度会相应提高，如图4.10所示。

图 4.9　家居空间中的夹层　　　　图 4.10　运用色彩、照明限定空间

在室内的空间再限定往往是多次的，也就是同时用几种限定方法对同一空间进行限定，如在围合的一个空间中又加上地面的肌理变化（如石材、地毯），同时顶部又进行了覆盖或下吊等，这样可以使这一部分的区域感明显加强。

2. 限定元素的组合方式与限定度

空间各组成部分之间的关系，主要是通过分隔的方式来体现的。空间的分隔，换种说法就是对空间的限定和再限定。由于限定元素本身的不同特点和不同组合方式，所以其所形成的空间限定给人的感觉也不尽相同，这就可以用限定度来判断其限定程度的强弱。表 4-1 所列为空间限定度的判别。

表 4-1　空间限定度的判别

限定度强	限定度弱	限定度强	限定度弱
限定元素高度较高	限定元素高度较低	限定元素明度较低	限定元素明度较高
限定元素宽度较宽	限定元素宽度较窄	限定元素色彩鲜艳	限定元素色彩淡雅
限定元素为向心形状	限定元素为离心形状	限定元素移动困难	限定元素易于移动
限定元素本身封闭	限定元素本身开放	限定元素与人距离较近	限定元素与人距离较远
限定元素凹凸较少	限定元素凹凸较多	视线无法通过限定元素	视线可以通过限定元素
限定元素质地较硬较粗	限定元素质地较软较细	限定元素的视线通过度低	限定元素的视线通过度高

除上述所讲的限定元素本身的特性外，限定元素之间的组合方式和限定度也有着很大的关系。在现实生活中，不同的限定元素具有不同的特征，加之其组合方式的不同，因而形成了一系列限定度各不相同的空间，创造了丰富多彩的空间感觉。由于室内空间一般由上下、左右、前后六个界面构成，所以为了分析问题的方便，可以假设各界面均为面状实体，以此突出限定元素的组合方式与限定度的关系。下面介绍限定元素的组合方式。

1）垂直面与底面的相互组合

（1）底面加一个垂直面：人在面向垂直限定元素时，对人的行动和视线有较强的限定作用。当人们背朝垂直限定元素时,有一定的依靠感觉。

(2) 底面加两个相交的垂直面:有一定的限定度与围合感。

(3) 底面加两个相向的垂直面:在面朝垂直限定元素时,有一定的限定感。若垂直限定元素具有较长的连续性时,则能提高限定度,空间也易产生流动感;室外环境中的街道空间就是典型的事例。

(4) 底面加三个垂直面:这种情况常常形成一种袋形空间,限定度比较高。当人们面向无限定元素的方向,则会产生"居中感"和"安心感"。

(5) 底面加四个垂直面:此时的限定度很大,能给人以强烈的封闭感,人的行动和视线均受到限定。

2) 顶面、垂直面与底面的组合

(1) 底面加顶面:限定度弱,但有一定的隐蔽感与覆盖感,在室内设计中,常常通过在局部悬吊一个格栅或一片吊顶来达到这种效果。

(2) 底面加顶面加一个垂直面:此时空间由开放走向封闭,但限定度仍然较低。

(3) 底面加顶面加两个相交垂直面:人们面向垂直限定元素,则有限定度与封闭感,如果人们背向角落,则有一定的居中感。

(4) 底面加顶面加两个相向垂直面:产生一种管状空间,空间有流动感。若垂直限定元素长而连续时,则封闭性强,隧道即为一例。

(5) 底面加顶面加三个垂直面:人们面向没有垂直限定元素时,则有很强的安定感;反之,则有很强的限定度与封闭感。

(6) 底面加顶面加四个垂直面:这种构造给人以限定高、空间封闭的感觉。

通过限定元素的限定和组合,可以创造出新的空间。限定度强的空间具有封闭性、私密性和内向性,限定度低的空间具有开敞性、渗透性和外向性。由此可见,创造一个具有良好品质舒适安全的空间与限定元素是密不可分的。

4.1.3 室内空间的组织与序列

1. 室内空间组织

大多数建筑都是由若干个空间组成的,因而出现了如何把它们组织在一起的问题。多个空间的组合,涉及空间的衔接、过渡、对比、统一等,甚至要考虑整个空间要构成一个完整的序列。一个好的方案总是根据当时当地的环境,结合建筑功能要求进行整体筹划的,分析矛盾主次,抓住问题关键,内外兼顾,从单个空间的设计到群体空间的序列组织,由外到内,由内到外,反复推敲,使室内空间组织达到科学性、经济性、艺术性,理性与感性的完美结合,从而做出有特色、有个性的空间组合。合理地利用空间,不仅反映在对内部空间的巧妙组织上,而且反映在空间的大小、形状的变化,整体和局部之间的有机联系上,在功能和美学上达到协调和统一。这就需要对室内空间的组织进行研究和探讨。

一般而言,不同空间之间的组织形式分为以下几种:以廊为主的组合方式、以厅为主的组合方式、套间形式的组合方式和某一大型空间为主体的组合方式。这几种方式既各有特色又经常相互组合使用,可以形成形式多样的空间效果。

(1) 走廊式：用走廊将各个房间联系起来的方式。各使用空间之间没有直接连通关系，而是借走廊或某一专供交通联系用的狭长空间来连接，是一种广泛采用的空间组合方式，适用于房间数量多，每个房间面积不大，相互需适当隔离，又要保持必要的联系的建筑，如图 4.11 所示。具体设计中，走廊可长可短、可曲可直、可宽可窄、可封可敞、可虚可实，以此取得丰富而颇有趣味的空间变化。

走廊式的特点：各使用空间相对独立，保证各房间有比较安静的环境，多见于办公建筑、医院等公共建筑。

(2) 单元式：将内容相同、关系密切的建筑组成单元，再由交通联系空间组合的方式（见图 4.12）。

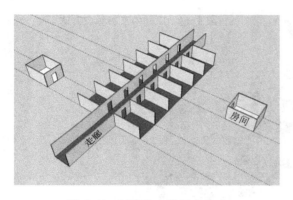
图 4.11 以廊为主的组合方式

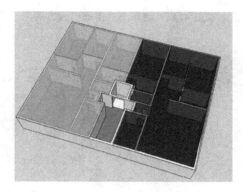
图 4.12 单元式的组合方式

单元式的特点：功能分区明确，同类型房间可以构成不同结构单元并与其他单元有不同功能联系，布局整齐，便于分期、分段建造。这种组合形式非常适合于人流活动简单而又必须保持安静的建筑，如住宅、托幼建筑等。

(3) 穿套式：房间与房间之间相互贯通的联系方式。在建筑中需先穿过一个使用空间才能进入另一个使用空间的组合形式。穿套式空间组合是把各个使用空间按功能需要直接连通，串在一起而形成建筑整体(见图 4.13)。

穿套式的特点：这种组合交通空间与使用空间合并在一起，房间之间联系紧密，没有明显的走道，节约了交通面积，提高了使用效率，但容易产生各使用空间的相互干扰。有串联式和放射式两种形式，常见于展览馆、博物馆等建筑。

(4) 大厅式：以大型空间为主体穿插辅助空间的联系方式。通过专供人流集散和交通联系用的大空间，也就是大厅，把各主要使用空间连接成一体。这种组合一般以大厅为中心，通过这个中心可以把人流分散到各主要使用空间，又可以把各主要使用空间的人流汇集于此(见图 4.14)。

大厅式的特点：主体空间突出、主从关系分明，辅助空间都依附于主体空间，适用于人流比较集中、交通联系频繁的建筑，多见于展览馆、图书馆、火车站、会堂、影剧院、体育馆等建筑。

上述四种常见的空间组合方式在设计中经常结合使用。在大部分公共建筑的室内空间布局中，总是要综合使用这几种方式的。如图 4.15 所示，以酒店首层为例，酒店大堂作为空间的主体，其中又有走廊连接不同的空间。

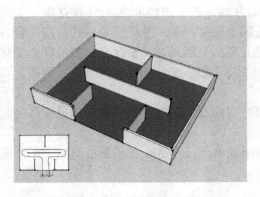 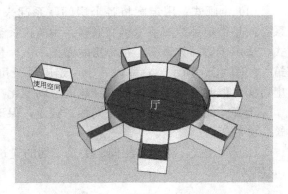

图 4.13　套间形式空间组合方式　　　　图 4.14　以厅为主的组合方式

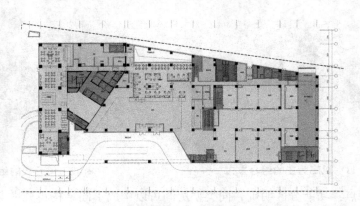

图 4.15　某酒店大堂平面图

总之，不论是怎样的空间组织，一切都应该从总体构思出发，综合考虑使用、美观、经济的要求，灵活运用组织空间。

2. 室内空间的序列

人的每一项活动都是在时空中体现着一系列活动的过程，这种活动过程都有一定规律性或行为模式，如看电影首先要了解电影广告，继而去买票，然后在电影开演前略加休息或做其他准备活动，看完电影后人员疏散。建筑物的空间设计一般也应该按照这样的序列来进行。空间序列是指空间环境的先后活动的顺序关系，是设计师按建筑功能给予合理安排组织的空间组合。空间以人为中心，人在空间中处于运动状态，并在运动中感受、体验空间的存在，空间的序列设计就是处理空间的动态关系。在序列设计中层次和过程相对较多，如只是以活动过程为依据，仅满足行为活动的物质需要是远远不够的。在空间序列设计中除满足行为设计的要求，把各个空间作为彼此相互联系的整体来考虑外，还应该以这种联系作为依据，把空间的序列设计以艺术化的方式表达出来，以便更深刻、更全面、更充分地发挥建筑空间艺术对人的心理、精神的影响。

空间的连续性和时间性是空间序列的必要条件，人在空间内活动感受到的精神状态是空间序列考虑的基本因素，空间的艺术章法则是空间序列设计主要研究的对象，也是对空间序列全过程构思的结果。

室内的空间序列必须具有整体连续性。每一个建筑空间序列都必须有一个良好的开端及令人满意的结局。事实上，建筑空间序列在入口处序幕自然拉开，同时也自然而然地引向辅助空间、主空间直至期望空间的结束。然而，构成空间序列的每一个局部序列都不应孤立地出现，而应建立起彼此不可分割的、和谐的整体关系，并合乎人们视觉心理的逻辑。空间序列设计的程序应从总序列到分序列，再从分序列回到总序列。如展览馆的空间序列设计一般由序馆、分馆、中心展馆、影视厅、会议厅、洽谈室、销售部、服务部等空间组成。住宅空间由客厅、起居室、卧室、书房、餐厅、厨房、浴厕等空间组成。每一个空间序列无论在实用功能上还是审美功能上，都必须根据纵横上下的关系，进行总体的构想和布局，从而创造一个前后呼应、节奏明快、韵律丰富、色彩协调、声光配合的空间序列。

（1）组织空间序列。首先要考虑的是主要人流方向的空间处理，其次还要兼顾次要人流方向的空间处理。前者应该是空间序列的主旋律，后者虽然处于空间的从属地位，但却可以起到烘托前者的作用，也不可忽视。

（2）完整的经过艺术构思的空间序列一般应该包括起始、过渡、高潮、终结四个部分。在主要人流方向上的主要空间序列可以概括为：入口空间——一个或一系列次要空间——高潮空间——一个或一系列次要空间—出口空间。空间序列的全过程介绍如下：

① 起始阶段：起始阶段是序列的开始，它预示着将要展开的内容，应具有足够的吸引力和个性。

② 过渡阶段：过渡阶段是起始后的承接阶段，又是高潮阶段的前奏，在序列中起到承上启下的作用，是序列中关键一环。它对高潮的出现具有引导、启示、酝酿、期待及引人入胜等作用。

③ 高潮阶段：高潮阶段是全序列的中心，是序列的精华和目的所在，也是序列艺术的最高体现。在设计时应考虑期待后的心理满足和激发情绪推达高峰。

④ 终结阶段：由高潮恢复平静，是终结阶段的主要任务。良好的结束有利于对高潮的追思和联想。

为了提高空间的使用质量，让使用者容易识别自己前进的路线和方向，除妥善安排好建筑的交通系统外，还应在内部空间处理中对人流路线加以引导与暗示，其主要方法有下列几种：

（1）处理好平面布局，利用各类交通流线导向；

（2）利用建筑构部件导向；

（3）利用建筑装饰导向；

（4）利用人有避暗趋明的心理用光线的变化作引导。

3. 不同类型建筑对序列的要求

不同性质的建筑有不同空间序列布局，不同的空间序列艺术手法有不同的序列设计章法。在现实丰富多彩的活动内容中，空间序列设计不会按照一个模式进行，有时需要突破常规，在掌握空间序列设计的普遍性外，注意不同情况的特殊性。一般来说，影响空间序列的关键在于以下几点：

（1）序列长短的选择：序列的长短反映高潮出现的快慢及为高潮准备阶段而对空间层次的考虑。由于高潮一出现，就意味着序列全过程即将结束。因此对高潮的出现不可轻易处置，若高潮出现晚，则层次必须增多，通过时空效应对人心理的影响必然更加深刻。因此长序列的设计往往用于需要强调高潮的重要性、宏伟性与高贵性，序列可根据要求适当拉长。但有些建筑类型采用拉长序列的设计手法并不合适，如讲效率、速度、节约时间为前提的交通客站应尽量缩短，其室内布置应一目了然，层次越少越好，时间越短越好，减少旅客由于办理手续的地点难找和迂回曲折的出入口而造成心理紧张。而有充裕时间观赏游览的建筑空间，为迎合游客尽兴而归的心理愿望可将空间序列尽量拉长。

(2) 序列布局类型的选择：采用何种布局决定与建筑的性质、规模、环境等因素。一般序列格局可分为对称式和不对称式、规则式和自由式。空间序列线路分为直线式、曲线式、迂回式、盘旋式、立交式、循环式等。我国传统宫廷寺庙以规则式和曲线式居多，而园林别墅以自由式和迂回曲折式居多，规模宏大的集合式空间常以循环往复式和立交式的序列居多。

(3) 高潮的选择：在建筑空间中具有代表性的、反映建筑性质特征的、集中一切精华所在的主体空间就是空间序列的高潮所在。高潮应反映该建筑性质特征的及一切精华所在的主体空间，它是建筑的中心和参观来访者所向往的最后目的地。根据建筑的性质和规模的不同，考虑高潮出现的位置和次数也不同，多功能、综合性、规模较大的建筑具有形成多中心、多高潮的可能性。即使如此，也要有主从之分、整个序列似高潮起伏的波浪一样，从中可以找到最高的波峰，如共享空间较社交休息的空间提到了更高的阶段，成为整个建筑中最引人注目和引人入胜的精华所在。

4.2 室内空间的类型与设计原则

室内空间的类型是随着时代的发展而发生着重大的变化，分化出多种空间的类型，可以根据不同空间构成所具有的性质特点来加以区分，以利于在设计组织空间时选择和运用。

4.2.1 固定空间与可变空间

1. 固定空间

固定空间常是一种经过深思熟虑的、使用不变、功能明确、位置固定的空间。因此，固定空间用固定不变的界面围合而成。如目前居住建筑设计中，常将厨房、卫生间作为固定不变的空间，确定其位置，而其他空间可以按用户需要自由分隔。

2. 可变空间

可变空间与固定空间相反，为适应不同的使用功能的需要而改变其空间形式，它的属性是具有变化的特征，如在较大的室内空间，利用不同的隔断使本身的空间形体变化或可变化，在室内的空间设计中，也常利用帷幔、家具等物品来完成空间的划分。

在可变空间中同时又具备实体的空间(固定空间形式)和虚空间特征，了解不同空间形式和属性是设计室内空间的前提(见图 4.16)。

图 4.16　布幔分隔的空间

4.2.2　封闭空间与开敞空间

1. 封闭空间

用限定性比较高的维护实体包围起来，无论是视觉、听觉、小气候等都有很强的隔离性的空间称为封闭空间。由于使用性质的不同，人们需要私密性的、不受外界干扰的空间，而封闭空间就具有这一特点。封闭空间一般是通过固定的接口（包括墙面、隔断等）进行围合，提供了更多的墙面，容易布置家具，但空间变化受到限制，同时，和大小相仿的开敞空间比较显得要小。封闭空间的性格表现为内向性、封闭性、私密性及拒绝性，具有很强的领域感和安全感，与周围环境的关系较小。固定空间属于封闭空间。

在心理效果上，表现为私密性和个体化，如在进行住宅设计的时候，就需要对不同使用功能的房间进行不同性质的界定，卧室、卫生间等属于私密性的空间，要相对进行封闭，而起居室是公共空间要相对开敞一些。如图 4.17 所示的 KTV 房间就是一种封闭空间。

图 4.17　KTV 的封闭空间

2. 开敞空间

在空间上，开敞空间是流动的、渗透的，它可以扩大人们的视野，观赏室外景观，具有很大的灵活性，方便适时的改变室内的布置方式，表现为开放性，实用于公共建筑中。它的开敞程度取决于有无接口、围合的程度、洞口的大小及开启的控制能力等。

开敞空间是外向性的，限定性和私密性较小，强调与周围环境的交流、渗透，讲究对景、借景，与自然环境的融合，在视觉上，空间要大一些。在心理效果上，开敞空间常表现为开朗的、活跃的。

开敞空间经常作为是内外的过渡空间，有一定的流动性和很高的趣味性，是开放心理在环境中的反映，也是人们的开放心理在室内环境中的反馈和显现，开敞空间可分为两类：一类是室外开敞空间，另一类是室内开敞空间。

（1）室外开敞空间。这类空间的特点是空间的侧界面有一面或几面与外部空间渗透，顶部通过玻璃覆盖，也可以形成室外开敞效果（见图 4.18）。

图 4.18　室外开敞空间

（2）室内开敞空间。这类空间的特点是从室内的内部抽空形成内庭院，然后使内庭院的空间与四周的空间相互渗透。有时为了把内庭院中的景观引入室内的视觉范围，整个墙面处理成透明的玻璃窗，而且还可以将室内庭院中的一部分引入室内，使内外空间有机地联系在一起。另外还可以把玻璃都去掉，使室内外空间融为一体，与室内外的绿化相互呼应，使人感到生动有趣，颇有自然气息（见图 4.19）。

图 4.19　室内开敞空间

4.2.3　静态空间与动态空间

根据空间使用功能的特点，空间具有动态使用与静态使用之分。如一间会议室或一个宴会厅，这类空间是静态空间；反之如酒店的大堂或楼间的通道，这类空间为动态空间。

在室内二次空间设计中，经常要进行动静分区，这是室内空间设计的重要内容，也是实现室内功能的过程。将空间进行动静区分，在满足使用功能的同时，也是为了进行相应的空间形象的设计。

1. 静态空间

一般来说，静态空间的形式比较稳定，构成比较规则，空间应具有内聚力或相对的封闭性，构成比较单一，视觉常常被引导在一个方位或落在一个点上，空间表现为非常清晰明确，一目了然。可以通过空间的区域限定、家具布置、界面暗示等手段明确动静空间的关系。对于静态空间的设计应使用规则、平和、协调的形态要素，尽可能避免过于刺激与不稳定的形象，空间及陈设的比例、尺度协调、色调淡雅和谐，光线柔和，装饰简洁。静态空间常给人以恬静、稳重的感觉(见图4.20)。

图4.20 室内静态空间

2. 动态空间

动态空间主要是对空间的活动效果而言的，动态空间可以引导人们从"动态"的角度对周围的环境及事物进行观察，把人们带到一个多纬度的空间中。动态空间具有物理的动态效果，以及心理的动态效果。动态空间一般具有引导的功能需要，这就要求动态空间的界面应具有连续性与节奏性、空间变化要丰富多样，形态组合应丰富，可以采用具有视觉刺激性的形态来加强动态空间使用时对人情绪的影响，使整体空间富于节奏变化，宜使用多点透视的方法来表现其空间的特点。

因此，在视觉上可以设置一些律动的线条或色彩，来增加空间的动态效果。动态空间一般可以分为两种：一种是包含动态设计要素所构成的空间，即客观动态空间(见图4.21)；另一种是建筑本身的空间序列引导着人在空间的流动及空间形象的变化所引起的不同的感受，这种随着人的运动而改变的空间称为主观动态空间(见图4.22)。

图4.21 客观动态空间

图4.22 主观动态空间

动静空间关系是互补的,处理好动静空间关系,会使空间充满活力。在整体室内空间环境中,还需要人们在静态空间中来欣赏动态空间的变化与人的活动,同时也要体验动态空间"步移景异"的界面特点。

4.2.4 共享空间与结构空间

1. 共享空间

共享空间是为了满足各种频繁、开放的公共社交活动和丰富多样的旅游生活的需要。共享空间是由美国建筑师约翰·波特曼创造的。它以罕见的规模和内容、丰富多彩的环境,别出心裁的设计,将多层内院打扮得光怪陆离、五彩缤纷。在空间处理上,共享空间是一个具有运用多种空间处理手法的综合体系,大中有小、小中有大,外中有内、内中有外,相互穿插,融汇各种空间形态,变则动、不变则静,单一的空间类型往往是静止的感觉,多样变化的空间形态就会形成动感。人在这样的空间中,可以上、下、四周全方位地多角度地体验空间,不同方位具有的不同空间透视与空间层次带来的韵律感是其他类型空间不具备的。如图4.23所示的空间既是欣赏空间的主体,又是环境中的一部分,极富生命活力和人性气息。

图4.23 上海金茂大厦凯悦饭店共享空间

共享空间在全球大型酒店中,广泛地运用,其中最为著名的是波特曼设计的旧金山的海特摄政饭店,已经成为共享空间的经典之作。但人们在享受共享空间的魅力的同时,感受到共享空间不符合绿色设计的思想,巨大的空间会浪费能源。因此,设计师正在不断尝试不同的方法,既要保持共享空间的魅力,又可以减少能源的浪费。

2. 结构空间

任何室内空间都是由一定的承重构件所组成的,这些结构构件体现了时代科技的发展进程,通过对这些结构处理,使之成为室内空间的一个部分,让人们来欣赏结构的构思和营造技术所形成的优美空间,达到结构与室内的内在审美的完美结合。室内设计师应该充分合理地利用结构本身的视觉空间艺术创造所提供的明显的或潜在的条件进行设计,这样还可以节约材料和缩短工期。

结构构件具有时代感、力度感、科技感和安全感,能够真实的反映空间的特性,具有很强的震撼力,这样的例子很多,如比较有名的蓬皮杜艺术中心的室内和室外的设计就是把结构和设备"暴露"在外,它体现了现代科技和人们审美意识的转变,为现代室内设计开创了新的思路(见图4.24)。

第4章 室内设计的空间组织

图 4.24 蓬皮杜艺术中心

4.2.5 虚拟空间

现代室内设计中,虚拟空间是一个十分重要的概念,它不是实体空间,而是一种利用虚拟的手法创造的空间,更确切地讲是一种空间感。

虚拟空间是指在已界定的空间内,通过界面的局部变化而再次限定的空间。由于其缺乏较强的限定度,而是依靠"视觉实形"来划分空间,注重人们的心理效应,所以也称"心理空间"。虚拟空间,不管是事实上的还是心理上的,都对空间的层次、空间的功能及空间的意境起到了丰富的作用,打破空间的空旷感等的作用,这种手法尤其在公共场所中使用非常广泛,如酒吧、宾馆及饭店等,通过局部升高或降低地坪和天棚,或以不同材质、色彩的平面变化来限定空间。

虚拟空间是一种"闹中取静"的方式,在大空间中开辟或划分小的空间,在不同的小空间形成各自不同的特点、格调、情趣和意境,具备各自不同的功能等。

创造虚拟空间的手法常见的有以下几种:

(1) 地台式空间(或下沉空间)。在一个固定的空间里,升高或下降部分空间的地面,可以形成一个虚拟空间,利用这一环境可以创造出另一种空间意境。

(2) 顶棚的抬高或降低。利用顶棚的升高和降低,也可以形成虚拟的空间效果,同时产生一种抑扬的效果(见图 4.25)。

(3) 利用灯具的不同种类及不同的照明方式或不同的照明效果,也可以形成不同的虚拟空间。如吊灯靠下,则感到顶棚较低(见图 4.26),漫射光源,则感觉顶棚高。当前室内设计照明方式的特点

图 4.25 利用顶棚的变化分隔空间

是划分区域使用光,如划分为就餐区用光、读书区用光、休息区用光等,这样都会更好地发挥不同区域的特定功能,其中学习区的用光(台灯)给人们一种精力集中的感觉,使人产生一种安静、集中的心理效果,从而使人更有效地读书和学习。

(4) 利用家具的布局。借助家具的布局创造虚空间的手法有集中或分组,分区域、分功能地摆放,从而产生特定的空间效果,如沙发的集中摆放会自然地形成一个相对独立与完整的会客空间,而这一会客区域则是一种虚拟的空间效果(见图4.27)。

图 4.26　利用灯具分隔空间　　　　　　　图 4.27　利用家具分隔空间

除此之外,还有运用陈设、绿化及隔断,或利用镜面、水体形成倒影和影视效果等来创造虚拟空间,还有很多种方法,充分利用虚拟空间的效果,使室内空间设计更具科学性、合理性,更具变化和丰富的效果,这还需要我们在设计实践中不断去探寻和发掘。

4.2.6　凹入空间与外凸空间

凹入空间是在室内局部进退的一种室内空间形态,特别在住宅建筑中运用比较普遍。由于凹入空间通常只有一面开敞,所以在大空间中自然比较少受干扰,形成安静的一角,有时常把天棚降低,形成具有清静、安全、亲密感的特点,是空间中私密性较高的一种空间形态,根据凹进的深浅和面积大小的不同,可以作为多种用途的布置(见图4.28),在住宅中多数利用它布置床位,这是最理想的私密性位置。有时甚至在家具组合时也特地空出能布置座位的凹角。在公共建筑中常用凹角避免人流穿越干扰,以获得良好的休息空间,如许多餐厅茶室、咖啡客房、办公楼等,适当间隔布置一些凹室,作为休息等候场所,可以避免空间的单调感(见图4.29)。

图 4.28　凹入空间　　　　　　　图 4.29　外凸空间

　　凹凸是一个相对概念，如凸式空间就是一种对内部空间而言是凹室，对外部空间而言是向外凸出的空间。如果周围不开窗，从内部而言仍然保持了凹室的一切特点，但这种不开窗的外凸式空间，在设计上一般没有多大意义，除非是外形需要，或仅能作为外凸式楼梯、电梯等使用。大部分的外凸式空间希望将建筑更好地伸向自然、水面，达到三面临空，饱览风光，使室内外空间融合在一起，或者为了改变朝向方位，采取的锯齿形的外凸空间，这是外凸式空间的主要优点。住宅建筑中的挑阳台、日光室都属于这一类。外凸式空间在西洋古典建筑中运用得比较普遍，因其有一定特点，故至今在许多公共建筑和住宅建筑中也常采用。

4.2.7　母子空间与悬浮空间

1. 母子空间

　　人们在大空间一起工作、交谈或进行其他活动，有时会感到彼此干扰，缺乏私密性，空旷而不够亲切；而在封闭的小房间虽然避免了上述缺点，但又会产生工作上的不便和空间沉闷、闭塞的感觉。采用大空间内围隔出小空间的方式，形成封闭与开敞相结合的办法可使二者兼得，因此在许多建筑类型中被广泛采用（见图 4.30）。甚至有些公共大厅如柏林爱音乐厅，把大厅划分成若干小区，增强了亲切感，更好地满足了人们的心理需要。这种强调共性中有个性的空间处理，强调心（人）、物（空间）的统

图 4.30　母子空间

一，是公共建筑设计中的一大进步。现在许多公共场所，厅虽大，但使用率很低，因为常常在这样的大厅中找不到一个适合于少数几个人交谈、休息的地方。当然也不是说所有的公共大厅都应分隔小，如果处理不当，有时也会失去公共大厅的性质或分隔得支离破碎，所以按具体情况灵活运用，这是任何母子空间成败的关键。

2. 悬浮空间

室内空间在垂直方向的划分采用悬吊结构时，上层空间的底界面不是靠墙或柱子支撑，而是依靠吊杆支撑，因而人们一种新鲜有趣的"悬浮"之感。也有不用吊杆，而用梁在空中架起一个小空间，颇有一种"漂浮"之感（见图4.31）。

由于这种结构底面无支撑结构，所以可以保持视觉空间的通透完整、轻盈飘逸，底部空间的区域感也可以得到加强，并且低层空间的利用也更为自由、灵活。另外有悬空楼梯下的空间同样可以被巧妙地利用起来，充分发挥其美化室内空间的功能。通常的手法是在楼梯下辟出一块休息区，这部分空间就具有一定的私密感。也有在楼梯下设一水体，或进行绿化，使其空间效果更具悬浮感。

图 4.31　悬浮空间

4.3　形式美的原则

室内设计的任务是为人们创造良好的工作、学习及生存环境，设计首先应满足人们对使用功能和情感的基本要求，然后，就是满足人们对美的要求。重视对形式的处理是整个设计领域的一致要求。

在日常生活中，美是每一个人追求的精神享受。人们接触的任何一件有存在价值的事物，必定具备合乎逻辑的内容和形式。对于美或丑的感觉在大多数人中间存在着一种基本相通的共识。这种共识是从人们长期生产、生活实践中积累的，它的依据就是客观存在的美的形式法则，人们称为形式美法则。在人们的视觉经验中，高大的杉树、耸立的高楼大厦、巍峨的山峦尖峰等，它们的结构轮廓都是高耸的垂直线，因而垂直线在视觉形式上给人以上升、高大、威严等感受；而水平线则使人联想到地平线、一望无际的平原、风平浪静的大海等，因而产生开阔、徐缓、平静等感受……时至今日，形式美法则已成为现代设计的理论基础知识，在设计的实践上，更具有它的重要意义。

当今对于形式美的原则总结已经比较系统，一般认为形式美的原则主要有：均衡与稳定、对比与微差、节奏与韵律、重点与一般、比例与尺度。

4.3.1　均衡与稳定

现实生活中的一切物体，都具备均衡与稳定的条件，受这种实践经验的影响。人们在美学上也追求均衡与稳定的效果，如图 4.32 所示的室内设计的均衡的布局。

所谓均衡，就是在特定的空间范围内形式诸要素之间的力感平衡关系。在自然界，相对静止的物体都是遵循力学的原则以安定的状态存在着的。这个事实作用于视觉，使之成为审美心理的一种要求。于是均衡就成了生活在有引力的地球上人类的特定审美原则之一。人们可以称它为视觉力感。这种视觉力来源于力学原理。所以在谈到构图的安

图 4.32　室内设计均衡的布局

定和均衡时，一般经常引用物理学中的杠杆原理。但是作为审美观念的安定与均衡同物理学中的安定与均衡是分属于不同范畴的两种事物。力学是自然科学的研究对象，它用逻辑思维的方法去进行研究；而均衡感则是形式美精神感觉，是用形象思维方法来研究的。但是，实际上的均衡和审美上的均衡，两者之间也不是毫不相干的两个概念，它们之间是既有区别又相互联系的。

均衡形式大体分为两大类，即静态均衡与动态均衡。

1. 静态均衡

所谓静态均衡，是指在相对静止条件下的平衡关系，在视觉上有平衡的动感，给人以生动清新的感受。

2. 动态均衡

所谓动态均衡，是指以不等质和不等量的形态求得非对称的平衡形式。在视觉上有平衡的动感，给人以清新的感觉（见图 4.33）。

在处理构图的均衡关系时，应当加上人的力感惯性这个因素。因为人们在生活习惯中，左右手的使用频率是不等的，在通常情况下，右手的使用频率大于左手，所以在造型过程中，右手的分量要重要些。

在谈到均衡时，必须与稳定的概念联系在一起。在生活经验中，由于受自然界的启发，观察物体时，以底部大上部小而感到稳定，所以人们把金字塔形公认为世界上最稳定的造型。其原则要点是对称，对称是指以某一点为轴心，求得上下、左右的均衡。对称与均衡在一定程度上反映了处世哲学与中庸之道，因而在我国古典建筑中常常会运用到这种方式。现在居室装饰中人们往往在基本对称的基础上进行变化，造成局部不对称或对比，这也是一种审美原则。还可以是打破对称，或缩小对称在室内装饰的应用范围，使之产生一种有变化的对称美（见图 4.34）。

应用技巧：面对庭院的落地大观景窗被匀称地划分成"格"，每一格中都是一幅风景。长方形的餐桌两边放着颜色相同，造型却截然不同的椅子、凳子，这是一种变化中的对称，在色彩和形式上达成视觉均衡。餐桌上的烛台和插花也是这种原则的体现。

注意问题：对称性的处理能充分满足人的稳定感，同时也具有一定的图案美感，但要尽量避免让人产生平淡甚至呆板的感觉。

图4.33 室内的动态均衡布置

图4.34 动态均衡的构图

4.3.2 对比与微差

对比是指要素之间的差异比较显著；微差则是指差异比较微小的变化。当然，这两者之间的界线有时也很难界定。如数轴上的一列数字，当它们从小到大排列时，相邻者之间由于变化甚微，表现出一种微差的关系，这列数字即具有连续性；如果从中间抽去几个数字，就会使连续性中断，凡是在连续性中断的地方，就会产生引人注目的突变，这种突变就会表现为一种对比的关系，且突变越大，对比越强烈。

就形式美而言，两者都不可少。对比可以借相互烘托陪衬求得变化，微差则借彼此之间的协调和连续性以求得调和，如图4.35所示。没有对比会产生单调，而过分强调对比以致失掉了连续性又会造成杂乱。只有把这两者巧妙地结合起来，才能达到既有变化又谐调一致。对比在建筑室内构图中主要体现在不同度量、不同形状、不同方向、不同色彩和不同质感之间。

（1）不同度量之间的对比：在空间组合方面体现最为显著。两个毗邻空间，大小悬殊，当由小空间进入大空间时，会因相互对比作用而产生豁然开朗之感。中国古典园林正是利用这种对比关系获得小中见大的效果。各类公共空间往往在主要空间之前有意识地安排体积极小的或高度很低的空间，以欲扬先抑的手法突出、衬托主要空间。

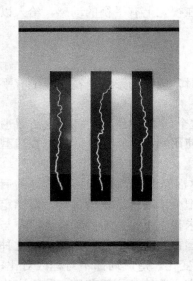
图4.35 装饰画运用微差形成的装饰效果

（2）直和曲的对比：直线能给人以刚劲挺拔的感觉，曲线则显示出柔和活泼。巧妙地运用这两种线型，通过刚柔之间的对比和微差，可以使建筑构图富有变化（见图4.36）。

（3）虚和实的对比：利用柱之间的虚实对比将有助于创造出既统一和谐又富有变化的室内环境（见图4.37）。

图 4.36　直线与曲线的对比　　　　　图 4.37　虚实的对比

（4）色彩、质感的对比和微差：色彩的对比和调和，质感的粗细和纹理变化对于创造生动活泼的室内环境也起着重要作用。如图 4.38 所示，用凹凸纹理的墙面、光滑的大理石桌面、白色的顶棚、黑色的石材地面形成的质感和色彩上的对比和微差。如图 4.39 所示，运用色彩的对比可以强调空间的变化。

图 4.38　质感、色彩的对比　　　　　图 4.39　色彩的对比

4.3.3　节奏与韵律

节奏本来是表示时间上有秩序的连续重现，如音乐的节奏。在艺术创作中，它指一些形态要素的有条理、有规律地反复呈现，使人在视觉上感受到动态地连续性，从而在心理上产生节奏感。

韵律是节奏的变化形式。它变节奏的等距间隔为几何级数的变化间隔，赋予重复的音节或图形以强弱起伏、抑扬顿挫的规律变化，产生优美的律动感。

节奏与韵律往往互相依存，一般认为节奏带有一定程度的机械美，而韵律又在节奏变化中产生无穷的情趣，如植物枝叶的对生、轮生、互生，各种物象由大到小，由粗到细，由疏到密，不仅体现了节奏变化的伸展，而且也是韵律关系在物像变化中的升华。

自然界中的许多事物或现象，往往由于有秩序地变化或有规律地重复出现而激起人们的美感，这种美通常称为韵律美。例如，投石入水，激起一圈圈的波纹，就是一种富有韵律的现象；蜘蛛网、某些动物（包括昆虫）身上的斑纹、树叶的脉络都是富有韵律的图案。有意识地模仿自然现象，可以创造出富有韵律变化和节奏感的图案，韵律美在室内空间的构图中的应用极为普遍。表现在室内空间中的韵律可分为下述四种：

（1）连续韵律：以一种或几种组合要素连续安排，各要素之间保持恒定的距离，可以连续地延长等，是这种韵律的主要特征。室内设计中的装饰图案，墙面的处理，均可运用这种韵律获得连续性和节奏感（见图 4.40）。

（2）渐变韵律：重复出现的组合要素在某一方面有规律地逐渐变化，如加长或缩短，变宽或变窄，变密或变疏，变浓或变淡等，便形成渐变的韵律（见图 4.41）。

图 4.40　顶棚和墙面的连续韵律

图 4.41　渐变的韵律

（3）起伏韵律：渐变韵律如果按照一定的规律使之变化如波浪之起伏，称为起伏韵律（见图 4.42）。

（4）交错韵律：两种以上的组合要素互相交织穿插，一隐一显，便形成交错韵律。简单的交错韵律由两种组合要素作纵横两向的交织、穿插构成；复杂的交错韵律则由三个或更多要素作多向交织、穿插构成（见图 4.43）。

图 4.42　顶棚上灯光显示着起伏的韵律

图 4.43　交错韵律

4.3.4 重点与一般

古希腊哲学家赫拉克利特发现,自然界趋向于差异的对立,他认为协调是差异的对立产生的,而不是由类似的东西产生的。例如,植物的干和枝、花和叶、动物的躯干和四肢等,都呈现出一种主和从的差异。这就启示人们,在一个有机统一的整体中,各个组成部分是不能不加以区别的,它们存在着主和从、重点和一般、核心和外围的差异。室内空间的构图为了达到统一,从平面组合到立面处理,从内部空间到外部体形,从细部处理到整体组合,都必须处理好主和从、重点和一般的关系。

现代设计强调形式必须服从功能的要求,反对盲目追求对称,出现了各种不对称的组合形式,虽然主从差异不是很明显,但还是力求突出重点,区分主从,以求得整体的统一。国外一些建筑师常用的"趣味中心"一词,指的就是整体中最富有吸引力的部分,如图4.44所示。一个整体如果没有比较引人注目的焦点——重点或核心,会使人感到平淡、松散,从而失掉统一性。

重点和统一是一种最为普遍使用的基本形式美法则。在艺术作品中,各种因素的综合作用使其形象变得丰富而有变化,但是这种变化必须要达到高度的统一,使其统一于一个中心或主体部分,这样才能构成一种有机整体的形式,变化中带有对比,统一中含有协调。

图4.44 重点突出的共享空间

4.3.5 比例与尺度

1. 比例

任何艺术作品的形式结构中都包含着比例与尺度。有关比例美的法则,美术大师达·芬奇在他的著作《芬奇论绘画》中明确说到:"美感应完全建立在各部分之间神圣的比例关系之上。"

公元前6世纪,古希腊的毕达哥拉斯学派认为万物最基本的元素是数,数的原则统摄着宇宙中心的一切现象。这个学派运用这种观点研究美学问题,在音乐、建筑、雕刻和造型艺术中,探求什么样的数量比例关系能产生美的效果。著名的"黄金分割"就是这个学派提出来的。目前公认的黄金比率1:1.618具有标准的美的感觉,人们将近似这个比例关系的2:3、3:5、5:8都认为是符合黄金比,是能够在心理上产生比例美感的比例。

2. 尺度

与比例相联系的是尺度。比例主要表现为整体或部分之间长短、高低、宽窄等关系,是相对的,一般不涉及具体尺寸。尺度则涉及具体尺寸。不过,尺度一般不是指真实的尺寸和大小,而是给人们感觉上的大小印象同真实大小之间的关系(见图4.45)。

图 4.45　不同尺度的门

本 章 小 结

在室内设计中可以通过设立、围合、覆盖、凸起、下沉、架起、质地变化等手段在原空间中限定出另一空间。与此同时，用于限定空间的限定元素的组合方式与空间限定度有很大的关系。

室内设计还涉及不同空间的组织，其一般有以廊为主、单元式、穿套式及以厅为主的组合方式。这几种组合方式通常综合使用，形成比较丰富的空间效果。在组织大的公共性空间时，还会用到空间序列等相关知识。一般完整的空间序列包括"入口空间—一个或一系列次要空间—高潮空间—一个或一系列次要空间—出口空间"，在实际的设计过程中，这些原则均可视具体情况灵活运用。

此外，室内设计具有人们普遍接受的形式美的准则——多样统一，即在统一中求变化，在变化中求统一，具体又可分解为"均衡与稳定、节奏与韵律、对比与微差、重点与一般、比例与尺度"。

思 考 题

1. 空间的概念及其在室内设计中的地位怎样？
2. 空间设计的基本原则是什么？
3. 室内界面处理的方法有哪些？
4. 形式美的原则在室内设计中的意义是什么？

第5章
室内设计的造型原则

教学提示

在学习和了解了室内设计的空间组织的基本原则和形式原则后，就要进一步学习和掌握室内空间中的形态要素、色彩要素、材质要素及光的要素。只有充分应用好这些造型手段，才有可能塑造高质量的室内空间。本章将室内空间设计中的各造型要素分为几个单元进行讲解，分别介绍各自的概念、功能特征及在空间中的应用，在每个单元中均结合实例讲解各造型要素在空间中的相互关系及应用。

教学目标与要求

使学生了解室内空间中各造型要素的基本概念、类型、各自的特征及空间应用的基本原则，引导其对空间中的造型要素的特征及这些造型要素在空间中的构成展开讨论，强化空间意识，加深对这些造型要素在空间构成中特征的认识和理解。

要求识记：室内空间各形态要素、色彩、材质及光的概念和特征，在空间应用中的相互关系和应用的基本原则。

领会：形态要素与人的心理、生理的关系，形态要素对空间的影响，色彩要素对空间的影响，材质与材质的应用及室内空间中光的应用对人的生理、心理的影响。

室内设计是通过对空间形态的塑造来营造使用空间的。空间中的形无处不在，人们对形的认识和应用的好坏直接关系到室内空间的质量。

5.1 室内设计中的形

室内设计中的形是人们在空间中能感知的形状的外形、形体，是客观事物在人们大脑中的反映。室内空间是多界面围合而成的，因此本章所关注的形既有平面意义上的形，也有空间意义上的形。空间中的物体也都有各自的形态，它们以各自的方式存在空间中。空间围合体的形态变化即可直接影响空间的形态，而空间围合体——墙，它的立面的平面分割形态也影响室内空间形态，因此室内空间中的任何存在物都是影响空间的形。

抛开室内空间中的形态的其他属性，如材质、色彩等，现在只关注空间中的形的变化，探讨形的构成和意义。室内空间设计的基础从形的意义上讲是设计师对空间形的合理构成，而构成这些视觉空间的要素是点、线、面、体。

5.1.1 室内设计中的点形态

在室内设计中，点形态是相对而言的形态。几何学的点是线与线的交叉，它只有位置,没有形状可言,而在造型艺术上,点是视觉所能感知的形态,点除了有位置还有大小及各种状态。从室内设计上讲,点是看得见、有位置、有形状、有大小的造型元素,是空间中的形态。其特点是相对性,当空间中的一个形态相对周围形态要素来讲,形成相对的点的体量形态关系时,即为点形态。

(1)室内空间设计的点形态是多样性的,它会以不同面貌出现,有方形、有圆形、有三角形等各种形态。

室内空间中的点形态会出现在空间中的各个部位,空间中的任何一个色彩的对比,材质的跳跃及形态的对比,都会产生点形态的感觉。例如,一个局部的肌理变化就会产生点的形态,就会产生形所具有的空间作用。

顶棚上的一盏灯即是一个点形态,而灯具形状并不影响灯作为点的属性,室内空间的某一个小配饰,往往也是以点形态出现,那么,这些点与点的形态关系在空间中就变得非常重要了。因此,在室内设计中,既要充分利用点形态的多样性,丰富室内空间满足功能需求,又要控制好点形态与整体的关系,达到视觉的审美功效,如图5.1所示。

(2)室内空间设计的点形态的相对性。在室内空间中相对于整体背景而言,比较小的形体可称为点形态,这种点形态的相对性,就要求室内设计师在处理空间关系时,特别要注意空间形态中形体的比例关系,做到点、线、面、体相得益彰。这样才能构成空间关系的比例、节奏、韵律的美感。例如,增加室内的点元素,利用墙面的挂饰等,可增强空间的层次感和活跃感,使墙面产生点的跳跃,化解空间的单调感和压抑感。由于点形态的相对性,这个挂饰内的某一个色块可能又形成相对这个挂饰的点形态。相对墙体来讲挂饰是点形态,而相对挂饰来讲,其中的一个色块又是相对挂饰的点形态,过于跳跃的色块就可能喧宾夺主,造成空间的杂乱感。室内空间设计的点形态的相对性如图5.2所示。

图 5.1　点形态的多样性

图 5.2　点形态的相对性

图 5.3　人民大会堂顶棚筒灯

(3)室内空间设计中点形态的空间占有性。我们知道两点之间会产生一种线的感觉,多点排列则会出现不同排列顺序的面或体,这种点的重构所形成的面和体形态,丰富了空间形态的多样性。另外,点形态的重构对空间的占有性,除形成虚体空间形态外,还能对空间构成虚拟的占有性,这对空间的功能划分,以及空间形态的虚实对比均起着至关重要的作用。如图5.3所示,人民大会堂顶棚的筒灯是一个点形态,而当它们重复排列时,就构成了一个面的感觉,这种有点构成的面的感觉与实体的面是不同的,它有着更加丰富的面的纹理,构成了特有的点的美感,丰富了形态的空间效果。再如,在空旷地面上平行设置点形态,它就会形成对空间的重新分割,划分出两个相对独立的区域,如果将四个点形态按照正方形的四个点来摆放,那么这四个点就能围合成一个心理空间,这个空间既有通透性与连续性,又有一定的区域界定感,是非常有效的处理方式。

(4)室内空间设计中点形态的凝聚性。点在人们的视觉中具有很强的注目感,往往会形成一个聚焦点和向心感。在室内空间形态中有很多点形态是起点睛的作用,它能形成一个局部的跳跃和视觉中心。点形态的构成往往是在相对大面积背景衬托下产生的,形成很强的聚焦点,使整体空间产生一个亮点。例如,在一个墙面前放置一个装饰条案,在条案上放置一个花饰通过局部灯光的照射,这盆花饰作为一个光彩夺目点形态跳跃出来,突出视觉中心的效果,人的视线会立即集中在它上面,这种处理手法往往在室内设计中会起到突出视觉中心,营造空间氛围的作用,如图5.4所示。

(5)室内空间设计中点的平衡作用。由于点的突出性和跳跃性,更多时候会起到四两拨千斤的功效。在室内空间构图中,为了突出或起平衡作用,往往以点形态作为要素,能达到空间构图的完整性。在室内设计中,不同的点形态会起到不同的平衡作用,这与点形态的材质、形态、大小都有关系。例如,在办公室的某一角落放置一盆植物时,除会增加室内绿色活力外,人们会更多地关注这盆植物放置的位置,实际上,人们是在寻找这个点形态在整体空间中的平衡。摆放合理,则整体空间舒适;反之,则不舒适。点的平衡作用示例如图5.5所示。

图5.4 点形态的凝聚性

图5.5 点的平衡作用

对于点形态的理解和认识,除理论的知识外,更多的需要在实际设计过程中探索和积累经验,把握好点形态的相对性和多样性。

5.1.2 室内设计中的线形态

在造型艺术和设计艺术中,线是极其重要的表现手段。在自然形态中,线条往往只是概念的;在几何学上,线是点在移动过程中留下的轨迹。

在自然形态中,一个物体的构成是没有线的。例如,一个立方体,面与面的物理边界是概念性的线。作为造型艺术,将自然形态转化为艺术形态时,"线"是造型的基本元素。

线形态作为室内空间的一种造型元素,有其相对的独立性。将线形态作为相对独立的要素来探讨其属性和特征,在室内设计中是格外重要的。

1. 线的基本形态

线有水平方向、垂直方向、对角方向、弯曲方向，线是相对的。在室内空间中，线是相对其他形态要素而存在的。线的第一性质是长度，如果没有长度，它更多的会倾向于点和面。线是两点间的连接，是面与面之间相交的界限，墙面与顶面交界处就会形成线，人们通常称为阴角。点的移动轨迹决定着线的性质，如果点按照同一方向移动为直线，如果点经过一定的距离后改变方向为折线，如果点移动的方向是有规律地不断变化则产生曲线。若干点的排列，在室内空间中，就会构成线形态。如室内灯（点形态）的有秩排列，就能构成线的形态。在室内设计中，线会以各种形态出现，它能丰富室内空间的形态，提高室内设计装饰语义，通过线要素与其他空间元素的合理构成可以满足室内空间的功能需求和审美需求。

2. 线的空间结构特征

线可以围合成一个形状，空间中的任何形体都有边界线，这些线在空间构图中起着重要作用（见图 5.6）。室内空间中的动势和空间表情，均是通过这些线传达给人们的。在空间中面和体的因素是多样性的，这些多样性的体、面所构成的界线是空间的表情骨架，面与面的转折构成了线。例如，一个墙面的转角通常是竖直的，一旦我们改变转角的线形，柔和的曲面或斜面都会改变空间表情。

图 5.6 线的空间结构

如果改变线的空间结构特征，则空间的表情也随之改变。在空间结构中，线是不能孤立存在的，其长短、曲直、方向等是变化的，都会影响室内造型的形象特征。在室内设计中，通常会遇到门洞口的处理，如果采用简洁的竖向线形包口套，则门洞口会产生挺拔、硬朗的视觉效果；如果采用多层退台的造型，则门洞口就会有厚重、丰富的视觉效果；如果采用弧形线条，则门洞口就会显得柔和亲切。这些结构线形的改变直接作用于人的心理，从而产生丰富的表情特征。

3. 线的空间强化作用

线的变化，构成了室内空间面的相互关系，对于这种关系的强化与减弱，与线形的强弱、数量密切相关，线形是通过体、面的界限产生视觉的引导作用，这种线形会直接影响室内空间的动势、比例关系、空间的界定等。例如，墙面横向排列的线，可强化空间的稳定性，并改变原有墙面的分割比例，顶棚上横向和纵向线形及不同的弧形线形的设计也同样会影响空间的视觉效果，如图 5.7 所示的线的空间强化作用。

4. 线的空间分割作用

室内空间的分割既有功能性的又有审美性的，首先要根据功能需求和空间的造型特征来确定能否采用线的分割。室内空间的分割有多种形式，从形态方面看，主要为直线分割形式与曲线分割形式。直线分割形式，能强化室内空间的力度与庄重感，曲线分割形式，能强化室内空间的流畅和亲切感。由于线形的空间分割是有一定的通透性，所以这种分割形式在整体空间中具有较好的空间流畅感和空间层次感，使形态更加细腻，更具有细节的情感，同时又能起到对空间区域的界定功能。在应用线形分割形式时常会因材质等因素的变化而产生更加丰富的视觉效果。线形的大小、长短等关系的变化，也会对空间的分割产生影响。例如，竖向的木板线条分割的空间，既能确定功能的区域感，又能使空间产生亲切感，具有空间的通透性，使空间不堵（见图5.8）。垂挂水晶珠帘的线形分割由于材质的特性，空间更富有变化，空间的通透性更加强烈，能强化和丰富空间的视觉层次。

图 5.7　线的空间强化作用

图 5.8　线的空间分割作用

对于室内空间线形的应用是千变万化的，线形的表情特征也是多样性的，它与材质、比例、色彩等要素有直接的关系，在实际设计中要根据空间的整体性和功能需求，来确定使用线形态要素，更要在实践中积累不同线形的不同心理感受，把握线形的造型规律，了解线形的性格属性，创造富有个性的空间。

5.1.3　室内设计中的面形态

面是线移动的轨迹。在室内设计中，面是概念性的，面的出现都是以体的形式表现，面的存在则体现为空间中一定的相互关系。面对空间的占有性是非常大的，如围合室内空间的墙体就具有面的属性。面对室内空间的整体质量起着重要作用。

面分为两大类，一是平面，二是曲面。平面的视觉特征是平整、稳定、简洁、安定、沉稳，它的形态特征直接影响室内空间的效果；曲面的视觉特征是柔和、亲切、圆润、流畅、饱满、富有动感，它对塑造柔和流畅的空间起着重要作用。

面形态在室内设计中的应用是多种多样的，同时具有相对性，相对较大的形态要素才形成面形态，不同的面形态会构成不同的空间特征，面形态可分为平面形态和曲面形态两类。平面形态还可分为多边形、梯形、平行四边形等多种形态。曲面形态可分为几何曲面和自由曲面。这些面形态的应用要根据室内空间的功能要求和意境做到变化与统一。

1. 面的基本形态

面形态在室内设计中是重要的造型要素，面具有丰富的"体量"感和情感特征，面形态的性格特征往往是在特定空间多种要素构成中形成的，因此，在空间中，面形态的性格特征是在不同的组合方式中体现出来。

（1）面的组合。在室内空间中，面占有巨大的空间体量，在空间中将面形态按照形式美的原则进行大小、疏密、有致的构处理，可使面产生节奏、韵律、体量感，突出面的形态表情。例如，一个曲面的造型，难以营造出整体的氛围，而当这种曲面以不同的节奏、大小、疏密在空间中重复出现时，这种曲面的表情特征即凸显出来，并成为控制整体的形态要素(见图5.9)。当面的关系构成情景语言时，面的形态特征方才明朗。

(2)面的虚拟。在空间设计中，实体存在的面是影响人们心理的重要因素，对于面形态来讲，其虚拟形态在空间中起着至关重要的作用。通过空间面形态的虚实对比，能产生丰富的视觉效果。例如，墙面上的一个镂空造型会在实体墙面上构成一个虚拟的面形态，这个"形态"会以自身特征影响人的心理，在正负形交替对比中产生室内空间的层次和丰富的联想如图5.10所示。

图5.9 面的组合

图5.10 面的虚拟

2. 面的空间结构特征

在室内空间设计中，只要以面形态出现，一定是具有一定体量关系的，占有相当的空间份额。空间中的面都有边界，这些边界的连接构成了空间的结构特征。因此，面的形状和组织方式是空间特征和舒适度的决定因素。方形的面具有相对的稳定性，三角形的面则产生不稳定感，梯形的面具有挺拔感，弧形的面富有运动感。面的不同形态特征的构成是确定空间构架的因素。例如，弧形的面形态构成的空间富有动感和韵律，而方形的面形态则使人感到稳定、规整。

面构成空间结构特征是通过面的连接、面的分离、面的叠加、面的交叉等关系来实现的。面的相互关系不同，在空间中的构成的形态特征也不同(见图5.11)。

3. 面的空间分割作用

空间的围合首先是通过面实现的，对空间的围合实际上也是对空间的限定。面对空间的控制力非常强大，如根据功能需求，而对空间围合、分割过程中，面形态就起着主要作用。通过不同形态的面，能产生出不同形态的分割空间。从大的形态特征讲，面的分割主要分为平面分割和曲面分割。平面分割(围合)是明确地划分空间范围，最大限度地利用空间，其分割的空间规整。曲面分割(围合)使空间富有柔

图5.11 面的空间构成形态

美感，且空间流畅有变化。在设计中，直面与曲面的分割往往同时应用，能产生丰富的空间变化，使空间富有一定的动感（见图 5.12）。

在室内设计中，面对空间的分割与面的形态、大小、疏密、色彩等因素有直接关系，构成的空间特征也是多种多样的，在设计中要根据实际空间和功能需求，应用好不同的面形态对空间的界定，创造合理的空间。

4. 面的空间强化作用

面的变化能影响空间的特征，分割（围合）是用面形态界定一个空间，而面对空间的强化，不是通过围合与分割，而是通过面形态在空间中的特定位置控制一个"场"，更多的是心理空间，不会对空间形成很多"墙"，造成拥堵感。例如，图 5.13 所示的会客区地面上的一块工艺毯，它所构成的面的区域感已经形成会客区的"场"。餐厅顶部的一个局部造型会强烈地控制餐桌的位置和中心感，且强化了用餐的区域，这种面形态的作用，丰富了塑造空间形态的手段，使空间更有连续性和通透性。

图 5.12 面的空间分割作用

图 5.13 面的空间强化作用

5.1.4 室内设计中的体形态

在室内空间设计中，"体"的形态无处不在，人们视觉所感知到的有关形的大小、方圆、曲直、厚薄、高低等，均以体的形态出现在空间中。

按几何学定义，体是面移动的轨迹。在室内设计中，体是由点、线、面围合起来所构成的三维空间，它是室内设计中最基本的基础元素。

1. 体的基本形态

室内空间中的体形态可分为几何形体与非几何形体。在空间设计中，由于制作工艺的要求，所以几何形体相对较多。非几何形体则更多的是一些陈设物和一些软体装饰。

几何体有正方体、长方体、圆柱体、圆锥体、三棱锥体、球体、多面体等形态。规则的几何形态在室内空间中非常多，如室内空间中的立柱或者是长方体，或者是圆柱体。非几何形体主要是指一些不规则的形体。室内的软装饰品，如窗帘及软性垂挂饰物、植物等，有丰富的空间形态，能软化空间质感。

室内空间中的体形态无处不在，但是空间中的体形态也是由点、线、面等形态要素构成的。通过线形态的空间组合可产生体形态，面与面的组合可构成体形态，以及面形态与线形态的组合，面与体、线与体的组合等都可以产生体形态。因此，体形态是多样性的，具有丰富的空间形态特征。

从室内空间的视觉特征来讲，体又可分为实体与虚体。由体和面围合的体形态具有充实的体量，称为实体，它对空间的界定和占有性很强。例如，用四面实体墙围合的空间，是对空间非常强的控制，人们居住的房屋就有很强的私密性。由线形态和点形态构成的体，具有一定的穿透性，称为虚体。例如，垂挂的水晶珠帘所围合的空间，虽对空间有一定的界定性，但由于线形态所构成的墙体具有穿透性，所以这个空间围合体不具备很强的私密性。这种实体与虚体的结合营造出空间形态的多样性。

实体、虚体又根据其对空间的控制力，构成独特的体形态。

（1）用点、线构成的体形态。这类体形态具有一定穿透性，其围合空间的体是由点或线的元素构成而形成一定的通透性，它对空间有一定的控制力，但由于体形态相对通透，又使空间更灵活（见图5.14）。

图 5.14　用点线构成的体形态

（2）实体形态。实体形态是由面和体围合的空间，可根据围合的程度不同产生对空间控制力的强弱的不同。完全围合则有很强的空间控制力，半围合或不连接的围合，虽然对空间有一定的围合度，但在面与面之间有开放性空间，与其他外部空间有相融性（见图5.15）。

（3）实体与虚体的组合构成。利用实体与虚体相互穿插围合空间，实中有虚，虚中有实。如利用线形态与面形态的结合，使空间的紧张感得到缓解（见图5.16）。

图 5.15　实体形态

图 5.16　实体与虚体的组合构成

空间中体形态的应用与形态的大小、比例、材质、色彩都有密不可分的关系。

2. 体形态的空间结构特征

体形态在室内空间中无处不在，而影响室内结构特质的体形态则大多是具有一定的体量。体形态之间的相互关系是决定空间特征的重要因素。例如,方形的四面体空间就决定了空间本身的方正、规整、呆板。如果方形空间中的其中一面的结构关系改变,则空间的特征随即改变。四个面围合的方形空间,其中一个面做分开式构成,就会改变原有空间的封闭、呆板,使具备空间流动性与外界的相融性。如果再改变某个面为弧形面,则空间的形态特征又发生了变化,具有活跃性和亲和力。

体形态的不同构成方式体现出空间的不同表情,有交叉、重叠、相连、分离、方向、位置等各种要素,因此,在室内空间设计中,调动这些要素可营造出丰富的空间形态,如图 5.17、图 5.18 所示。

图 5.17 体形态不同构成方式下的空间形态(一)

图 5.18 体形态不同构成方式下的空间形态(二)

3. 体形态对空间的分割作用

体形态既能围合空间,又能分割空间,由于体形态可分为实体与虚体,所以对空间的分割时也同样具有多种形式。根据空间功能需要,利用不同的体形态划分出不同特征的空间形态。如室内空间的沙发围合即划分出一个特定的区域。

在空间中设置一面墙体,即可划分出两个空间,其分割作用极强。体形态对空间的分割与体形态本身的大小、比例、虚实都有关系(见图 5.19)。

4. 体形态的空间强化作用

室内空间的形态都是以体形态出现的,由于体形态在空间中具有一定的体量,并且对空间具有一定的占有性,所以在室内设计中可利用体形态的大小、方向、位置等方式强化室内空间,如对空间重点部位的强化(见图 5.20)。

图 5.19 体形态对空间的分割

图 5.20 室内空间重点部位的强化

5. 体形态的情感特征

体形态在空间中具有不同的形态特征,如强与弱、轻与重、柔与刚、软与硬等。这些不同的体形态以各自的形态特征作用于人们的心理,从而使人们产生不同的感受。

6. 体形态的空间构图

体形态在空间中具有不同的体量感,这种体量感是影响人们心理平衡的重要因素。在室内空间设计中,要想把握好空间构图中的量的平衡,首先就要应用好体形态的体量关系,使空间满足功能需求,符合人的生理和心理的平衡感。对于空间构图,整体空间的量感的平衡与体形态的质感、体量、色彩、肌理、光线、比例等多种因素有关,利用这些要素来调节空间的平衡感(见图 5.21)。

图 5.21 体形态的空间构图

体形态的不同组合方式会产生不同的情感特征,如虚与实、高与低、强与弱等。体形态高大就会产生崇高、强大的感觉,线形态与体形态的构成能产生更好的虚实之美。

单一的体形态有着各自的表情特征。常见的单一的体形态介绍如下:

(1)方形:是由垂直和水平线构成,有秩序感和强壮、稳定、庄重、单调感。
(2)三角形:是由斜线构成的,比较活跃、锐利、坚稳。
(3)梯形:具有良好的稳定感和支撑感,形态有力度。
(4)圆形和弧形:具有运动感,形态柔和、流畅、温馨,是非常具有表情特征的形态。

室内设计中的空间组织是依据这些形态构成的。这些体形态是相互影响、相互联系的,在室内空间中不是孤立存在的,而是由不同的形态关系构成的,会产生不同的形态表情特征。在平时要注意积累不同体形态的表情特征的经验,以便在设计中合理运用这些视觉语言。

5.2 室内设计中的色彩

室内设计中的色彩依附于室内空间中的所有形态上,它与室内空间中的所有材质相关。室内中的色彩是构成室内空间氛围的重要因素。

5.2.1 色彩的基本概念

人类所感知的色彩实际上是源于光线,没有光就感觉不到色彩的存在。人们视觉能感知到的光波的波长是在 380~780nm 内,这些光是可见光。色彩即是不同的物质对可见光中不同波长的光的吸收与反射形成的。例如,我们看到的红色,只反射了红光,它吸收了将除了红光以外的其他可见光。人类对色彩的感知是光对人的视觉和大脑发生作用的效果，是一种视知觉。

为更好地理解色彩的一些基本概念和属性，可通过下面的色环图例(见图5.22)建立更直观的认识。

1. 色彩的三属性

色彩的基本要素即明度、色相、纯度，这是构成色彩的最基本元素，称为色彩的三属性。

(1) 明度：是指色彩的明暗程度。在无色彩中，明度最高的色是白色，明度最低的色是黑色，从白色至黑色之间存在一个从亮到暗的灰色系列。而在有色彩中，每个色彩均有自己的明度属性。例如，黄色为明度较高的色，而绿色的明度则相对较低。明度在三属性中具有较强的独立性。

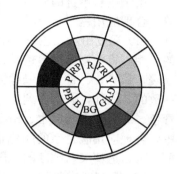

图 5.22　色相环

(2) 色相：即色彩的相貌属性。这种属性可以将光谱上的不同部分区别开。人们视觉能感知的红、橙、黄、绿等不同特征的色彩，均有自己不同的名称，有特定的色彩印象。在可见光谱中，红、橙、黄、绿、蓝、紫这些不同特征的色彩都有自己的波长与频率，它们从长到短依次排列，这些颜色构成了色彩体系中的基本色相。

(3) 纯度：纯度是指色彩的鲜艳程度和饱和度。人们所看到的每一个色彩均有不同的鲜艳程度。如红色，加入一定的白色时，虽保持红色色相的特征，但其鲜艳程度降低，变成了浅红色。

在实际应用中，大多是非高纯度的色彩，只有对色彩三属性的合理应用，才能营造和谐而富有变化的色彩空间。

2. 色彩的混合

(1) 色彩的三原色。红、黄、青称为色彩的三原色，这三种颜色是不能用其他色彩调配出来的。

(2) 间色。间色是指用两种原色调配而成的色彩，即红、黄、青三原色中任意两个原色相配而成的色彩。如红与黄相配产生橙色，黄与青相配产生绿色，青与红相配产生紫色。

(3) 复色。由间色中的任意两种色彩相配而成的色称为复色。由间色相配构成的色彩使颜色的变化更加丰富，使色彩产生了更微妙的色彩倾向性。

(4) 补色。在色相环中相对的色称为补色。红与绿、黄与紫、青与橙都是补色。

5.2.2　色彩的心理功能

心理学家认为，色彩直接诉诸人的情感体验，它是一种情感语言。在室内设计中，色彩几乎被称为是其"灵魂"。人们对色彩认识的不断深入，对色彩的功能了解日益加深，使色彩在室内设计中的应用处于举足轻重的地位。

在室内设计中，色彩是最具表现力和感染力的因素，色彩通过人们的视觉感受产生一系列生理和心理效应，在较快的时间内使人们产生丰富的联想，以及空间的寓意和象征。

在实际设计中，通过色彩的合理应用，可满足室内空间的功能和精神需求。

1. 色彩的空间效应

由于色彩本身的属性，作用于人的心理会产生诸多的心理效应，如冷暖、远近、轻重等。合理应用色彩本身具有的一些心理效应，将会赋予室内空间感人的魅力。

（1）温度感：在色彩学中，色彩的不同特性会引起人的不同心理反应，通常按照不同的色相可将色彩分为冷色系、暖色系，从紫红、红、橙、黄到黄绿称为暖色系，以橙色为最暖，从青紫、青至青绿称为冷色系，以青色为最冷。这些心理感受与人类的生活经验是一致的。例如，人们看到红色、黄色，总是与太阳、火焰等感觉的生活积累相一致的。而青色、绿色又多与树木、田野、海水等构成相似联想，产生凉爽的心理反应。在室内设计中，合理应用暖色系的颜色搭配可营造温馨舒适的空间效果；合理应用冷色系的颜色搭配，可营造清爽、纯净的氛围。

（2）距离感：色彩的远近感在室内设计中起着非常重要的作用。一般纯度较高的色彩和暖色系宜产生接近的心理感受，而纯度较低的色彩与冷色系则宜产生后退的感觉，当然，这些都是相对而言。在室内设计中，合理地选择和组织色彩的关系可重新塑造原有的物理空间感，从而使突出的部位更突出，作为衬托的环境更具有背景感，从色彩上塑造空间的虚与实、主与次，营造出满足实际需求的心理空间。

（3）分量感：色彩的明度和纯度是构成不同分量感的主要因素。色彩的明度和纯度较高则给人以轻飘的感觉；反之，则有沉重的心理反应。如浅蓝色和深蓝色即是两种不同的分量感。利用色彩对人形成的这一心理反应可在室内设计中强化某一空间的分量感，营造特定的心理氛围，或者以此达到整体空间的心理平衡感。

（4）尺度感：色彩既能作用于人的心理，形成不同的心理感受，同样又能构成空间及物体的心理尺度变化。色相与明度是主要因素，暖色系和明度较高的色彩具有一定的扩散性，使原有物体和空间显得较大，而冷色系与明度较低的色彩则有向内收缩的心理感受，原有物体显得相对较小，如穿深色衣服与穿浅色衣服即有不同的形体感受，深色显得相对瘦些。在室内设计中利用色彩的这些特点，可有效地增加形体的扩散感，也可强调收缩感，通过色彩的心理感受，以达到满意的视觉效果。

如上这些因素均会在室内设计中发挥重要作用。这些因素需要合理组织及调配好与其他造型要素的相互关系，才能发挥出它们的作用。

2. 色彩的情感效应

色彩在室内空间设计中，有着千变万化的形式，但色彩本身也有着自己丰富的含义和象征性，不同的色彩可表现出不同的情感，这种心理反应，也是人们的长期生活经验和积累形成的。对色彩的感受也和人的年龄、性格、素养、民族、习惯等有关。

（1）红色：这是一种较刺激的颜色，视觉感强烈，使人感到崇敬、伟大、热烈、活泼，通常不宜过多使用，对视觉有较强烈的刺激。

（2）黄色：使人感到明朗、活跃、温情、华贵、兴奋，黄色具有较强的穿透力和跳跃性。

（3）绿色：象征着健康与生命，对人的视觉较为适宜，使人感到稳重、舒适、积极。可缓解人的视觉疲劳，营造较舒适的空间氛围，但过多使用，宜使人感到冷清。

（4）蓝色：使人感到开阔、深邃、内向、镇静。由于蓝色与人们经验中的蓝天、大海有关，因此更宜使人产生遐想，对人的情绪有较好地调节作用，但过多使用宜显沉重。

(5) 白色：使人感觉纯净、纯洁、安静，它具有一定的扩散性，在较小的空间内，以白色为主调，可使空间有宽敞感。

(6) 黑色：黑色与白色均为无色系，在现代的室内设计中，更多的使用这种色彩，以达到富有个性的空间效果。黑色给人以神秘、深沉、高贵的感觉。

(7) 紫色：让人感觉浪漫、雅致、优美，它处于相对较低的明度和纯度，更多的时候会在不经意间影响人的情绪。

色彩在人们心理上的效应会在空间中发挥着作用，色彩不同要素的变化，也会带来微妙的色彩情感变化，室内设计师就是调动这些因素用来创造心理空间，表达内心情绪，反映思想感情。

5.2.3　室内色彩设计的基本原则和方法

1. 室内色彩设计的基本原则

色彩是室内环境设计的灵魂，营造良好的室内空间环境，提升空间质量，就需要在设计中合理组织色彩的各要素。

在室内设计中色彩设计要遵循一些基本原则，这些原则能更好地指导我们合理运用色彩，以达到最佳的空间效果。

(1) 符合使用功能。这种对功能的服从，既要符合色彩的基本规律，又要符合人们在生活中长期积累的经验，不同的使用目的会对空间环境有不同的需求，形式和色彩要服从功能。例如，医院和酒店这两个不同的空间，由于功能不同，对空间环境的色彩需求也不同。色彩的设计要根据功能的差异，认真考虑色彩的构成因素。

(2) 整体统一规律。室内设计中的色彩配置必须符合空间的整体性原则，充分发挥室内色彩对空间的美化作用，处理好协调与对比的关系，主与次的关系。首先要根据功能需要科学地确定室内空间的色彩主调，色彩的主调对室内空间起着强化烘托的作用，能有效地为功能服务，强化室内空间的整体气氛，提升空间的品质。

(3) 符合特定的文化与习惯。要考虑不同民族、不同地区及文化传统的特征，在室内设计时要尊重普遍被大众接受的习惯。不同的民族、不同的地区，其文化背景不相同，生活习惯也不相同，审美要求也不相同，因此，在室内色彩构成中要充分考虑这些特点。

2. 室内色彩的设计方法

任何一个室内空间均离不开色彩，离不开色彩的对比与谐调，根据室内空间的功能需求和空间特征，怎样才能实现良好的空间效果？这就涉及室内色彩的设计方法，具体有以下两种方法：

1) 色彩的谐调与对比

色彩的感染力的关键在于如何搭配颜色，如何合理应用色彩的基本要素，这也是室内色彩效果好坏的关键。

凡·高说："没有不好的颜色，只有不好的搭配。"与人们息息相关的室内空间中的色彩是空间中的灵魂，有经验的设计师能充分发挥色彩在室内设计中作用。

利用色彩的基本属性能创造富有个性、有品味的空间环境，而色彩的基本属性(色相、明度、纯度)决定了色彩构成基本规律,色彩的效果取决于不同颜色间的相互关系。

(1) 应确定主色调。当空间中一个色彩占据主导地位时,就能达到整体色调的统一。主色调确定后,就要考虑次色调,使局部服从整体,局部小面积的色彩跳跃不会影响整体的统一。色彩的谐调与对比,可通过色彩的面积对比,构成色彩的和谐。如大面积的浅米色为主色调,即使增加小面积的对比色,也只是局部的跳跃,不会影响整体色调。

(2) 降低色彩的纯度。降低色彩的纯度可使主要的色彩对比均处于低纯度状态下,使色彩对比关系处于非常柔和的关系中。即使在纯色中加入适量的白或黑,其所构成的对比也是谐调的,尤其对比色的处理。例如,将蓝色与黄色加入一定量的白色,降低彼此的纯度,在室内空间中可形成统一的关系。

(3) 利用近似色的谐调。在色环上,左右相近的区域的色彩容易构成谐调的关系,如黄色与橙黄色,红色与橙红色。在室内设计中,往往利用高纯度的近似色营造视觉强烈而又谐调的空间氛围。

(4) 动态与静态的关系。室内空间有其特殊性,由于空间中的人处于静态和动态两种形式,所以,色彩的对比也可产生两种方式,即"同时对比"和"连续对比"。

当人处于相对静态时,室内空间的色彩会同时作用于人的视觉,即会产生"同时对比"。对于这种空间的处理就要依据色彩的基本属性搭配,如色彩的面积大小,纯度高低等要素,使处在同一空间内的色彩取得统一的氛围。当人处于动态时,会在不同的区域或功能空间中感受不同的色彩氛围,因此可利用这种空间的转换,进行色彩的对比与统一的处理。从一个空间过渡到另一个空间,会产生时间和空间的过渡,在这种过渡中,可适当减弱"同时对比"带来的过强的视觉反差。这些在室内设计中要给予特别的关注。

2) 色彩的空间构图

对于室内空间色彩的对比关系,在实际应用中千变万化。这里所说的不是色彩在空间中的对比,而是指色彩在室内空间中的节奏与韵律。利用色彩在空间中不同部位的相互关系,营造动人的室内氛围。

(1) 通过色彩处理,可满足功能的需求,强化某一部位或减弱某一部位,在处理功能的同时已经产生了不同空间界面上的相互关系与色彩的节奏。例如,人们可以通过墙面与地面的谐调强化家具陈设,也可以通过顶棚上局部区域的色彩变化,强化相应地面的功能区域感。另外,色彩的软性功能非常强,不需通过形体分割,即可达到目的。例如,餐桌上对应的顶棚色彩就可强化用餐区。

(2) 通过色彩改造原有空间的物理属性。由于色彩有极强的视觉感染力,所以利用色彩在空间中的六个面上做色彩分割,可打破单调的六面体空间。例如,不依顶棚和墙面的界线来划分色彩,而是将墙与顶棚做斜线的色彩贯通,就会创造出新的心理空间,模糊原有空间的构图形式。

(3) 通过色彩改造室内空间的大或小、远或近、强或弱。前面讲过,色彩本身具有这种对人产生心理效应的作用,故人们可利用这一特点,弥补空间的不足或强化空间的特征,色彩的这种作用经过合理的设计,会起到事半功倍的效果,在原有空间不可改变的情况下,利用色彩的合理组合达到满意的心理空间效果。例如,可以利用灰色减弱某个墙面的跳跃感,也可以利用明亮的色彩使某个墙面更加突出。

5.3 室内设计中的材质

室内空间设计发展至今,装饰材料的应用越来越成为室内设计中不可分割的部分,材质本身肩负着室内空间的不同表情特征,通过各种材质的组合营造富有个性的空间氛围。

材质即材料的质地,主要指材料的性质与结构,具有如下特征:其一,材料具有自身的物理属性,如材料的硬度、结构特点、密度等;其二,材料还具有其视觉的形式美感,如材质表面肌理纹样等,粗糙的石材能营造自然纯朴的气氛。室内空间中不同材质的美感特征,正是通过表面肌理纹样作用于人们的视觉和触觉,从而营造室内空间的氛围。

5.3.1 室内常用装饰材料的分类及性质

室内设计中的装饰材料种类繁多,按材质分类大致有金属、塑料、陶瓷、玻璃、木材、涂料、纺织品、石材等种类。

(1) 金属:主要为铝板、表面肌理不同的装饰金属板、不锈钢板及各种金属型材。金属的特征是富有力度,结实、造型硬朗,给人以冷峻的感觉。

(2) 塑料:主要有各类地面卷材及其他各类塑料型材,其特点是有较强的可塑性,并且富有一定的弹性,具有一定的亲和力和舒适度,有丰富的表面纹理。

(3) 陶瓷:主要有各类瓷砖、面砖及各种陶瓷装饰板,是国内外非常流行的新型装饰材料,它坚硬耐腐,耐酸碱,光亮华丽,能做出各种肌理效果。

(4) 玻璃:是一种透明的固体物,透明性极高,玻璃的应用极广,除功能性格外,装饰玻璃已广泛应用。它主要包括各种平板玻璃,各种热熔玻璃,玻璃砖,还有不同功能的中空玻璃、钢化玻璃及玻璃马赛克等,玻璃具有良好的透光性、隔声性,对酸碱有较强的抵抗能力,但易碎。

(5) 木材:主要有各种木制装饰板材、木地板、木线、木制成品挂板等,其种类繁多,在室内空间中应用广泛。经过现代工艺加工后的木材避免了原有的天然缺陷,木材本身的纹理非常美,具有良好的装饰效果。不同的木材有不同的视觉效果,其纹理、色泽等均有不同,但总体讲,木材具有良好的亲和力,触觉的舒适度和良好的视觉审美特征。

(6) 涂料:是涂布于物体表面,在一定条件下能形成薄膜起到保护装饰作用的一类液体或固体材料。早期的油漆及现代的各种涂料均属此类,涂料具有丰富的色系,几乎能满足各种色彩需求。现在有些涂料是已经具有各种肌理效果的特效漆,能表现出各种纹理、凹凸的视觉特征,其特点是遮盖力强,能模仿各类天然材质的纹理及其他特殊视觉效果,有较好的附着力,耐污染,有较好的耐久性。

(7) 纺织品:是纺织纤维经过加工织造而成的产品。装饰用纺织品包括各类装饰布、各类纺织的饰物及地毯类等。随着功能的需要,各种防火、阻燃织物应运而生,为装饰设计提供了广阔空间,其特点是织物柔软,它具有良好的透气性和视觉触觉效果,有亲切感、吸声性良好、色彩图案丰富。

(8) 石材:是一种较高档的装饰材料,主要包括为花岗岩和大理石,现在还有很多人造石材。石材是天然形成的纹理,光洁度好,有较高的强度(抗压度),石材种类繁多,其中，花岗岩有非常高的强度、密实度，结晶状纹理为主，光洁度高。多用于室内地面，大理石相对较软，有较好的纹理，更适宜室内空间使用。

按功能分类，室内设计中的装饰材料有吸音、隔热、防水、防潮、防火、防污染等几种。根据室内功能需求，合理地选择适当的材质，有助于提高室内功能。尤其一些强制性规范要求、作法，必须按规定选用合理的材质。

由于现代科技的发展，材质表面的变化越来越丰富。如塑料制品经过表面纹理处理喷涂金属漆，单纯从外观上看，已经具有金属的质感，因此现代材料有很多是通过表面肌理和色彩纹饰改变原有材质的表面属性。

在室内设计中，按照材质的视觉特征分类，材料主要分为一次性肌理和二次性肌理。一次性肌理是指材料在自然生成过程中自身结构的纹理的外在表现形式。例如，人们常见的天然石材、木材等，这些材质的肌理是天然形成的。二次性肌理是在一次性肌理的基础上人为加工形成的新的肌理。例如，在天然石材表面的机刨石就产生了新的人造肌理，还有用木材制作的各种肌理效果的装饰板等。现代装饰材料中，二次性肌理（人造材质）的种类非常丰富，因此对人造材质的应用也更加广泛。

不同的材质有不同的物理属性，除考虑其物理属性之外，还应更多地关注材质的心理属性，它们作用于人的心理，产生不同的情感特征。按材质的心理感觉分类，材料可分为以下几类：

（1）冷与暖。冷暖与材质的属性有关，如金属、玻璃、石材，这些材质传递的视觉表情偏冷，而木材、织物等，这些材质传递的视觉表情更多地偏暖。这些材质的冷暖，一是表现在身体的触觉，通过接触感知材质的冷暖；二是表现在视觉上，通过视觉感知材质的冷暖。由于材质表面属性的多样性，所以在视觉感知材质的色彩、肌理等因素时会更多地影响人的心理感受。如深蓝色的织物与红色的石材，在视觉上，红色比蓝色感觉暖，而在触觉上，织物比石材暖。材质的冷暖感具有相对性，例如，石材相对金属偏暖，而相对木材则偏冷。在室内空间设计中合理组织搭配，才能营造良好的空间效果。

（2）软与硬。室内空间材质的软与硬的感觉直接影响人的心理，且对室内空间的表情特征起着重要作用。软硬与材质的属性有关，如纤维织物能产生柔软的感觉，而石材、玻璃则能产生偏硬的感觉，这些材质的软与硬都有各自不同的情感特征。软性材质，亲切、柔和、更有亲和力；硬性材质，挺拔、硬朗、很有力度。营造温馨舒适的空间，则需要适度地增加软性材质；反之，则需要选用硬性材质。材质的软与硬同样具有视觉和触觉两个属性，也具有软和硬的相对性。它们与各自所处的空间的位置、面积等都有关系。应用好材质的软、硬搭配，对塑造空间的个性特征有重要意义。

（3）轻与重。室内空间更多的是依靠点、线、面、体塑造空间特征，而这些形态会因不同的材质特性而影响人的心理，会产生空间形态的轻与重不同的感觉。这为室内空间材质的应用和个性塑造提供了丰富的表现手段，同时需要注意空间构图的平衡感。轻质材质如玻璃、有机玻璃、丝绸等，轻质材质的合理使用可使空间更柔和、轻松。轻质材质在空间中相对更有轻盈感。由于许多材质具有一定的通透性，所以它们在室内空间的应用中，可有效地减弱空间的局促与压抑。与之相反，具有分量感的材质如金属、石材、木板等，这些材质相对具有厚重感和体量感，其表情特征，更适宜营造庄重、沉稳的空间氛围。根据功能和空间特征的需要，将轻与重的材质合理地应用会增强空间的功能，提高空间的个性特征。

（4）肌理。将肌理放在材质的心理感觉分类中，更关注的是不同肌理的表面特征所形成的心理感受。材质肌理是影响人们心理感受的重要因素。

形态表面的肌理特征会经过视觉、触觉作用于人们，使人们获得特定的感受。这些肌理有规则的和不规则的，有人工的和自然形成的（如天然的石材所形成的表面纹理），还有许多特效漆的人工纹理和凹凸感，都能产生丰富的表情特征。肌理表面的粗与细、滑与涩、规则与杂乱均能作用于人的心理而产生不同的感受。

5.3.2 材料的质感与肌理

装饰材料的质感是其物体自身所具有的特性而形成的感觉，不同物质表面的自然特质称为天然质感，如岩石、木材等。经过人工处理的表现质感为人工质感，如砖、玻璃、塑胶、陶瓷等。不同的质感给人以软硬、虚实、滑涩、透明与混浊等不同的感受（见图5.23）。

在室内设计中，对不同材料的应用就是通过材料的质感影响室内的表情特征的过程。质感不仅包含材料的物理属性，如材料的硬与软、滑与涩等，也包含材料的视觉美感。

不同材料质感的应用中，首先要以室内功能及空间特征为主导，合理地组合应用材质的对比与统一的关系，营造室内空间的美感。例如，利用石材与玻璃的组合形成庄重、沉稳又不失轻快、透亮的视觉效果；利用软织物和木质的构成，使空间更显温馨、亲切、高贵与典雅（见图5.24）。

图5.23 材料表现出的质感（一）

图5.24 材料表现出的质感（二）

材料的肌理是材料本身的肌体形态和表面纹理，是质感的形式要素，反映材料表面的形态特征。肌理所涵盖的面非常广，分为自然肌理和人工肌理。自然肌理是在自然生成过程中自身结构的纹理、凹凸等外在表现形式，例如，常见的木材就是在生长过程中形成自然的木纹。人工肌理是以人为加工为主形成的新的肌理，与原有材质没有必然联系，例如，人造大理石、仿皮革、仿金属饰品等。

在室内空间中，材质的肌理对室内功能和室内氛围有重要的影响，粗糙的肌理及光滑流畅的肌理会产生不同的效果。对肌理的感觉分为两种：一种是触觉肌理，另一种是视觉肌理。人们通过不同的感知方式体验空间氛围，在现实中感知材料的肌理，不同肌理与人接触会带给人不同的心理感受。例如，触摸不锈钢，能感受到坚硬、光滑、冰冷，而触摸纤维织物则能感受到织物的细微纹理和柔软，手感舒适。在大量的实际设计中，能与人体有接触的区域或部位都能通过材质的触觉肌理提高和强化空间的功能和审美特征。

图 5.25　材料表现出的肌理

视觉肌理是不依靠触摸仅通过视觉感知的，在材料的表面用纹理、色彩、明暗等效果体现出肌理效果。例如，石材的纹理及在金属表面打制的木纹肌理等，它只能在视觉上对人的生理和心理产生肌理特征的反应。材质的视觉肌理在很多人造材质上广泛应用，在室内设计中，能体现出丰富的视觉效果。

有些肌理效果是通过单位组织群体构成的，是经过有规则或无规则的排列构成的，会产生新的视觉效果。例如，清水砖的堆砌，马赛克的规则排列，其他的编织形态（见图 5.25）等。

肌理作为质感的形式要素传达更多的是表面特征，包括形、色、质，以及干湿、粗细、软硬等。肌理的效果可以通过对原有材质的表面特征的人为加工改变固有的特性，形成新的肌理效果。例如，塑料地胶做成的仿压花钢板，通过对表面的纹理和色彩处理制成仿金属效果。这些不同材料的肌理变化，为室内设计提供了更方便、更广阔的设计空间。

5.3.3　材料的组织与设计

在室内设计中，对不同材质的组织与设计至关重要。材质的种类繁多，如何合理地组织，直接影响到室内的功能，使用的舒适度及室内空间的审美特征。对不同材质进行合理的组织与设计时，只有遵循一定的原则，才能做到有的放矢。

对材质的应用要根据室内空间构图，从空间的角度综合考虑，组织材质在各界面的关系。室内各界面装修选材时，既要组合好各种材料的肌理，又要协调好各种材质的对比关系。在室内空间中，材质的应用除满足功能外，还要符合设计的形式美法则，节奏、韵律、比例、均衡等，符合空间构图的需要，使室内的空间关系做到虚实相映、刚柔并济。

在室内空间中，材质的具体体现是室内环境界面上相同或不同的材料组合，从材质类型看，可分为以下三种方式：

（1）相同材质构成。在室内空间中为营造统一和谐的气氛，往往采用同一材质或以同一材质为主的组合。在同一材质组合构成时，很容易形成视觉的统一感，但也容易造成单调感。因此，对同一材质的构成可以采用不同的构成方式。如使用同一木材，可以采用凹凸的方式，可以采用改变木材纹理方向的方式，可以采用板块之间对缝的方式等，实现构成关系，这样可形成既有细节又有整体的视觉效果（见图 5.26）。

（2）相似材质构成。在室内空间中采用相似材质

图 5.26　相同材质构成

的组合如同色彩构成中的近似色,虽有差异但很接近。这种组合要特别注意材质对比关系的恰到好处,如图 5.27 所示,同属石材类,花岗岩与大理石的对比关系就要通过选择恰当的材质、色彩、纹理等来实现,各要素需具备恰当的形式美感。在实际操作中,相似材质的应用往往会以不同的面积、比例、结构方式等形式要素的相互衬托来组合,例如,同为金属材质的铝板与不锈钢板,采用一定面积的铝板材质,配合局部的不锈钢条收边,在对比中可体现出工艺的精湛和视觉的美感。这些都能在和谐中寻求恰当的对比关系。

(3) 对比材质的构成。不同材质差异较大,各自的形象特征明显,不同材质的组合构成在室内设计中有较多应用,它能起到视觉冲击力强,鲜明醒目的视觉效果,通过材质的合理构成来体现材质美感。例如,木质与玻璃的对比,织物与金属板的对比,均可产生较强的视觉效果。对于对比材质的应用,更多地要注意统一协调的关系(见图 5.28)。例如,选择同为自然属性的材质(木材与天然石材)就较容易形成和谐。选用同一色调或接近的色彩较容易和谐,例如,采用木材本色与同为木质色系的金属板就较容易构成和谐的关系。

图 5.27 相拟材质构成

图 5.28 对比材质构成

5.4 室内设计中的光

室内设计中的光可分为自然采光与人工光。在现实生活中对光的感受是无处不在的,且已上升到人们如何运用光来满足室内空间的需求。这就需要人们系统地了解光的基本概念、特征及运用的基本规律。

5.4.1 采光照明的基本概念与要求

就人的视觉来说,光是支撑人们观察世界的重要条件,人们通过光感知这个世界。在室内空间中,采光照明最初仅仅是为满足功能需要,当上升为室内设计时,光不仅是为满足人们视觉功能的需要,而且是一个重要的美学因素,是塑造室内空间氛围的非常重要的条件。有了光,人们可以感知空间,有了光,人们可以塑造空间。用光塑造物体的体积,用光塑造物体的质感,用光塑造室内的色彩氛围。冈那·伯凯利兹说:"没有光就不存在空间。"光对人们的生产、生活起着重要的作用。因此,在室内空间中的照明设计,将直接影响到空间的质量,需要室内设计师不断探索和研究。

1. 光的基本概念、特征与视觉效应

光是以电磁波的形式传播，能被人们的眼感知到的电磁波，其波长范围是 380～780nm（$1nm = 10^{-9}m$），这些是我们视觉能看到的光。长于 780nm 的光为红外线、无线电等，短于 380nm 的光为紫外线、X 射线、宇宙射线等。可见光部分又可分解成红光、橙光、黄光、绿光、青光、蓝光、紫光等基本单色光。

在室内设计中探讨的光均为可见光，人们设计不同的光源来满足不同的功能和营造不同的氛围。

当光投射到物体上时，会发生反射、折射等现象，人们所看到的各种物体，由于物质本身属性的不同，所以其对光线的吸收和反射能力也不同。实际上我们看到的物体色是受光体反射回来的光线，并刺激视神经而引起的感觉。例如，物体的红色，是吸收了光源中的一些单色光，反射出红色光产生的。不同的光对人产生的视觉效应也不相同。注重不同的视觉效应，会给人们的设计带来不一样的效果。

2. 照度、光色、亮度

1) 照度

被光照的某一面上其单位面积内所接受的光通量称为照度，表示单位为勒[克斯]，即 $1m/m^2$。1 勒[克斯]等于 1 流[明]的光通量均匀分布于 $1m^2$ 面积上的光照度。照度是以垂直面所接受的光通量为标准，若倾斜照射则照度下降。对同一个光源来说，光源离光照面越远，光照面上的照度越小；光源离光照面越近，光照面上的照度越大。光源与光照面距离一定的条件下，垂直照射与斜射比较，垂直照射的照度大；光线越倾斜，照度越小。

人们通常所说的亮度是人对光的强度的感受，是一个主观感受的量。在室内空间中，应根据其功能要求确定照度，达到更加人性化的舒适的空间效果。

2) 光色

色温是决定光色的因素，是表示光源光色的尺度，单位为 K（开尔文）。在室内设计中，对光的色温控制会影响室内的气氛。色温低，则感觉温暖；色温高，则感觉凉爽。一般色温小于 3300K 的为暖色，色温在 3300～5300K 之间的为中间色，色温大于 5300K 的为冷色。也可以通过色温与照度的改变，营造不同的室内气氛。例如，在低色温、高照度下，会营造空间的炽热感；而在高色温，低照度下，则会产生神秘幽暗的氛围。

室内空间的光照效果不是光源的单一因素，而是光与环境、物体的彼此关系中产生的视觉效果，因此对色温的控制要考虑对物体色彩的影响，恰当的光色可提高色彩的鲜艳度，而不当的光色会减弱甚至使原有的色彩混浊。在室内设计中，如果对光色的把握欠妥，则即使材质的色彩和肌理设计得很好，也会影响整体色彩的感觉。人们利用光色提高和改善材质的效果，会更突出材质的美感。如红色的墙面在弱光下显得灰暗，而弱光可使蓝色和绿色更突出。室内设计师应了解和掌握这些知识，利用不同色光的灯具，针对不同的材质特性，营造出所希望的室内效果。在可见光领域的色温变化，由低色温至高色温是橙红—白—蓝。

人工光源的光色，一般以显色指数（Ra）表示，Ra 最大值为 100，80 以上显色性优良，79～50 显色性一般，50 以下显色性差。

3) 亮度

亮度与照度的概念不同，亮度是视觉主观的判断和感受，它是由被照面的单位面积所反射出来的光通量,也称发光度,因此也与被照面的反射率有关。例如,在同样的照度下,白墙看起来比黑墙要亮。有许多因素影响到亮度的评价,如照度、表面特性、视觉、注视的持续时间甚至人眼的特性。

在室内设计中,不同的材质,其亮度也不同。材质的肌理、色彩、角度都会影响亮度,根据室内功能的需要,选用材质要考虑材质表面的反射率。现在,在室内设计中,更多地采用灰色、深灰色作为环境色(背景色),在同样的照度下,更能突出主体,使环境色不跳跃。

3. 照明的控制

1) 眩光

在空间中不适宜的亮度分布会影响物体的可见度,产生视觉的不舒适,这种现象就是眩光。眩光与光源的亮度、位置及人的视觉有关。眩光包括直接眩光、反射眩光、对比眩光。由强光直射人眼而引起的直射眩光,应采取遮光的办法解决;对人工光源,避免的方法是降低光源的亮度、移动光源位置和隐蔽光源。当光源位于眩光区之外即在视平线45°之外,眩光就不严重。例如,很多室内空间的吊顶造型会设计很多灯槽,一方面是为美观;另一方面将光源隐蔽于灯槽内,从而有效地避免眩光(见图5.29)。

反射眩光应特别注意,在灯光周围的材质的反射值越大,眩光越强。形成反射光与光源位置、反射界面及人的视点有关,可调整灯光的角度、位置、照度,减弱反射眩光,也可根据需要调整界面材质或角度来减弱反射眩光。

在空间转换过程中,由亮度分配不均和控制失当会产生对比眩光。例如,人们从黑暗的环境中突然进入明亮的空间,就会产生这种视觉不适。要避免这类情况,就要控制好光的空间过渡,使亮度比合理。

2) 亮度比的控制

灯具布置的方式及照度的合理设计,能够将环境亮度与局部亮度之比控制在适当范围内。亮度比过小,难以产生视觉的凝聚力,显得单调平淡,亮度比过大,容易产生视觉疲劳。

(1) 空间功能与空间氛围决定亮度比。不同的功能需求需要相应的亮度比。如博物馆内的展品照明与环境的亮度比较大,这样更吸引人的视线去关注展示内容(见图5.30)。

图 5.29 室内照明眩光控制效果　　图 5.30 室内照明亮度比控制效果

(2) 一般照明与局部照明相结合。亮度比的控制主要需解决局部照明的照度与周围环境的对比度。一般照明与局部照明相结合能有效改变视觉的不适,要根据需要调整好局部与整体照度的比值。通常情况下将90%左右的光用于工作照明,10%左右的光用于环境照明,就能达到相对舒适的合理值(见图5.31)。

(3) 室内各界面的关系。空间内各个区域都有各自的相互关系,各界面均有符合人视觉舒适的亮度比。室内各界面主要由顶、地、墙构成。根据功能需求,将各界面的亮度比保持适度的关系,即可调整好室内空间的亮度比。

顶棚大多数情况下是作为照明的工作界面,顶棚与其他界面亮度比的比值大小,会相应地产生不同的空间效果(见图5.32)。

图5.31 室内一般照明与局部照明结合效果

图5.32 调整好室内各界面关系后的照明效果

空间内不同区域的亮度比最大允许亮度比如下:
① 视力作业与附近工作面之比为 3∶1;
② 视力作业与周围环境之比为 10∶1;
③ 光源与背景之比为 20∶1;
④ 视野范围内最大亮度比为 40∶1。
这些参考值需要根据室内空间的诸多要素灵活应用。

5.4.2 室内采光形式与照明形式

室内空间是一个由不同界面围合的空间,室内拥有充足的、良好的光线是一个基本要求。

1. 光源类型

一般来说,作为室内空间均需要较好的自然采光,这不仅是采光问题,而且还有通风问题。但不是所有的空间都是自然采光越多越好,应根据实际功能需要,确定采光形式。作为室内设计的采光,根据光源的类型可以分为自然光源和人工光源,这两种采光形式对室内的影响和造成的效果是不同的。通常人们白天感受的太阳光称为自然光,自然光由两种光组成——直射地面的阳光和天空光(也称天光)。

自然光会影响室内光线的强弱和冷暖,这主要是与投入室内的日光的构成有关,与采光口面积大小有关。

自然光的构成,首先是天空光,其次是室外环境的反射光,这两种光会根据不同的条件,产生相应的光的变化。如室外非常空旷,则天空光起主导作用。如果外部相邻的界面较多,则产生较多的外部反射光,这种光就会投入室内,产生光的冷暖、强弱变化。另一种对室内产生影响的光是室内反射光,它是由室外自然光投入室内后,再由室内顶棚、墙面、地面等反射的光。

2. 采光部位

人与自然界生长的万物一样,都离不开阳光,这不仅是生理上的需求,而且是心理上

的需求。室内设计中的自然采光既可以节省能源,又可以营造生理上和心理上的舒适度。影响室内采光主要有以下三个方面:

(1) 采光的部位:进光的方向包括侧面进光与顶面进光。在室内空间中较多采用的是侧面进光,而侧面进光形式可根据情况调整侧面进光的高与低。侧面进光方式适合人的生活需求及习惯,使用维护方便,对普通进深的房间都能起到良好的采光效果,但房间进深过大时,采光效果会下降。因此,可根据光照角度、房屋进深,采用两侧采光,或增加高侧窗,以提高采光效果。顶面采光,是较有特色的一种采光形式,顶光照度分布均匀,相对稳定,对于墙面的空间利用率非常高。

(2) 采光面积:根据房屋使用功能的需求,提高或降低采光量,可通过采光口的面积调整来控制室内采光效果。现在很多建筑采用落地玻璃窗,使室内视野开阔,采光效果好;反之,也可通过缩小采光口面积,控制采光量,达到理想的效果。

(3) 布置形式:根据需要对室内各界面的采光口进行不同形式的方位、形态设计,如可设计为横向、竖向、圆形等。不同形式的设计应根据功能需求、室内空间形态、比例关系等综合因素,使采光口的形式感与室内形态相谐调。

采光口的部位、面积、形式是影响室内采光的主要因素,同时,室外周围环境及室内相关界面的装饰也都会影响室内采光效果。

3. 人工光源

人工光源是人为将各种能源(主要是电能)转换得到的光源。在室内设计中常用的人工光源主要有白炽灯、荧光灯、霓虹灯、高压放电灯等,其中家庭和一般公共建筑所用的主要人工光源是白炽灯和荧光灯。室内空间中的人工照明,是不受自然光的影响,完全依靠人为的设计来满足功能需要和空间效果需要,在使用人工光源时要考虑其特点,掌握其优点。

1) 白炽灯

白炽灯是将灯丝通电加热到白炽状态,利用热辐射发出可见光的电光源。白炽灯主要由玻壳、灯丝、导线、感柱、灯头等组成。玻壳做成圆球形,其制作材料是耐热玻璃,它把灯丝和空气隔离,既能透光,又起保护作用。白炽灯工作的时候,玻壳的温度最高可达100℃。灯丝是用比头发丝还细得多的钨丝做成螺旋形。内导线用来导电和固定灯丝,用铜丝或镀镍铁丝制作;中间一段很短的红色金属丝称为杜美丝,要求它同玻璃密切结合而不漏气;外导线是铜丝,连接灯头用以通电。白炽灯虽光效较低,但光色和集光性能好。

白炽灯的款式多种多样,其玻璃外罩,有采用晶亮光滑的玻璃,以使光变得更柔和,有采用喷砂或酸蚀消光的玻璃,有采用硅石粉末涂在灯泡的内壁,还有为增加白炽灯的装饰效果而采用带色彩涂层的玻璃等。

白炽灯的另一类型是卤钨灯。填充气体内含有部分卤族元素或卤化物的充气白炽灯,称为卤钨灯,其体积小、寿命长,较适宜用在照度要求较高、显色性较好或要求调光的场所,如体育馆、宴会厅、大会堂等。卤钨灯的色温尤其适合电视演播照明。

白炽灯的优点:白炽灯的光源较小,价格相对便宜,亮度容易调整和控制,显色性好,其灯罩的形式多种多样,可以满足不同的艺术照明和装饰照明的效果。通用性大,彩色品种多,具有定向、散射、漫射等多种形式。在室内塑造和加强物体立体感方面起到很重要地作用。白炽灯的色光接近于太阳光色,适宜人们的日常工作生活。

白炽灯的缺点:节能性较差,发光效率低,产生的热为80%,光仅为20%,其寿命较短。现在的卤钨灯则在保留上述优点基础上大大改善了其缺点。

2) 荧光灯

荧光灯有传统型荧光灯和无极荧光灯，传统型荧光灯即低压汞灯，是利用低气压的汞蒸气在放电过程中辐射紫外线，从而使荧光粉发出可见光的原理发光，因此它属于低气压弧光放电光源。灯管内饰荧光粉涂层，它能把紫外线转变为可见光，并有冷白色（CW）、暖白色（WW）、Deluxe 冷白色（CWX）、Deluxe 暖白色（WWX）和增强光等。颜色的变化是由灯管内荧光粉涂层方式控制的。Deluxe 暖白色最接近于白炽灯，Deluxe 管放射更多的红色，荧光灯产生均匀的散射光，发光效率为白炽灯的 1000 倍，其寿命也是白炽灯的 10～15 倍，不仅节约电能，而且节省更换和维修费用。

(1) 直管形荧光灯。这种荧光灯属双端荧光灯。其常见标称功率有 4W、6W、8W、12W、15W、20W、30W、36W、40W、65W、80W、85W 和 125W；管径用 T5、T8、T10、T12；灯头用 G5、G13。目前较多采用 T5 和 T8。T5 显色指数大于 30，显色性好，对色彩丰富的物品及环境有比较理想的照明效果，光衰小，寿命长，平均寿命可达 10000h，适用于服装、百货、超级市场、食品、水果、图片、展示窗等色彩绚丽的场合使用。T8 色光、亮度、节能、寿命都较佳，适合宾馆、办公室、商店、医院、图书馆及家庭等色彩朴素但要求亮度高的场合使用。

为了方便安装、降低成本和安全，许多直管形荧光灯的镇流器都安装在支架内，构成自镇流型荧光灯。

(2) 彩色直管形荧光灯。其常见标称功率有 20W、30W、40W；管径用 T4、T5、T8；灯头用 G5、G13。彩色荧光灯的光通量较低，适用于商店橱窗、广告或类似场所的装饰和色彩显示。

(3) 环形荧光灯。除形状外，环形荧光灯与直管形荧光灯没有太大差别。其常见标称功率有 22W、32W、40W；灯头用 G10q。环形荧光灯主要提供给吸顶灯、吊灯等作配套光源，供家庭、商场等照明用。

(4) 单端紧凑型节能荧光灯。这种荧光灯的灯管、镇流器和灯头紧密地连成一体（镇流器放在灯头内），除破坏性打击，一般无法将它们拆卸，故被称为"紧凑型"荧光灯。由于无须外加镇流器，驱动电路也在镇流器内，故这种荧光灯也称自镇流荧光灯和内启动荧光灯。整个灯通过 E27 等灯头直接与供电网连接，可方便地直接取代白炽灯。

3) 霓虹灯（氖管灯）

霓虹灯是一种冷阴极辉光放电管，其辐射光谱具有极强地穿透大气的能力，色彩鲜艳绚丽多姿，发光效率明显优于普通的白炽灯，它的线条结构表现力丰富，可以加工弯制成任何几何形状，满足设计要求，通过电子程序控制，可变幻色彩的图案和文字受到人们的欢迎。

霓虹灯工作时灯管温度在 60℃以下，因此能置于露天日晒雨淋或在水中工作。同时，因其发光特性，霓虹灯光谱具有很强的穿透力，在雨天或雾天仍能保持较好的视觉效果。霓虹灯制作灵活，色彩多样，动感强，效果佳，经济适用，但相比其他几种灯具而言，比较耗电。

4. 照明方式

照明方式是指照明设备按其安装部位或光的分布而构成的基本制式。就安装部位而言，有一般照明（包括分区一般照明）、局部照明和混合照明等。照明按光的分布和照明效果可分为直接照明和间接照明。室内空间中合理的照明设计，可有效地提高照明质量、节约能源，也是塑造室内空间效果的重要手段。对照明方式的合理应用还包括光源与空间塑造的有机结合。例如，为避免眩光的危害，就可将光源设置在顶棚造型的凹槽内。

科学合理的照明方式是对室内材质、造型、色彩等诸多因素的综合考虑。

1) 照明方式按大的方面分类

（1）一般照明。一般照明是解决室内常规照明，不考虑局部的特殊需要，使整体空间达到一定的照度。通常是在顶棚上均匀地排列灯具，室内便可获得较好的亮度分布和照度均匀度，所采用的光源功率较大，而且有较高的照明效率。这种照明方式耗电大，形式较呆板。一般照明方式适用于无固定工作区或工作区分布密度较大的房间，以及照度要求均匀的空间，如办公室、教室等。

一般照明也可根据空间内大的功能分区，采用分区的一般照明，将非使用区的照度适当降低，既能获得良好的照度，又可节约能源。

（2）局部照明。局部照明是对室内空间的某一局部或某一特定物体的照明，是为满足室内某些部位的特殊需要，在一定范围内设置照明灯具的照明方式。通常将照明灯具装设在某一区域或物体的上方。局部照明方式可在局部范围提高照度，同时也可根据需要或是由功能需要对局部范围的照明进行调整和改变光的方向，从而获得满意的效果。局部照明方式多用于对特定目的物的强化和渲染气氛，但在长时间持续工作的工作面上仅有局部照明容易引起视觉疲劳。局部照明是满足特定功能需要，塑造空间照明效果的重要手段。

（3）混合照明。混合照明是将一般照明与局部照明共同使用在同一空间内的照明方式。这种组合方式是根据空间内的功能需求，效果需求来使用，既有常规的照明满足正常照度，又有局部的照明获得较高的照度。混合照明能增加局部照度，减弱阴影，节约能源。混合照明方式的缺点是视野内亮度分布不匀。为减少光环境中的不舒适程度，混合照明照度中的一般照明的照度应占该等级混合照明总照度的 5%～10%，且不宜低于 20 勒[克斯]。混合照明方式适用于有固定的工作区，照度要求较高且需要有一定可变光的方向照明的房间，如医院的妇科检查室、牙科治疗室、缝纫车间等。

2) 照明方式按照灯具的散光方式分类

（1）间接照明。将光源遮蔽会产生间接照明，通常有两种方式：一是将不透明灯罩装在灯下面，光线射向平顶或其他物体上反射成间接光线；二是将灯设在灯槽内，光线从平顶反射到室内成间接光线。间接照明在室内空间氛围的塑造上能发挥独特的作用，其光线不会直接射至地面，光线较柔和，能营造空间的层次感，是较灵活，富有趣味的照明元素。间接照明必须具备的条件是：①对光源的遮挡；②遮挡物与光源的间隙、角度关系；③光源与界面的距离。这三个因素是用好间接照明的重要条件。顶棚的灯池造型就可利用间接照明强化灯池的形态，增强顶棚的空间层次，在视觉上营造顶棚的上升感。现在使用较多的洗墙光就是利用间接照明塑造的空间层次感。

（2）半间接照明。半间接照明将 60%～90% 的光向顶棚或墙上部照射，把顶棚作为主要的反射光源，将少于一半的光直接照射到工作面。这种反射光，趋于软化阴影和改善亮度比，由于光线直接向下，所以照明装置的亮度和顶棚亮度接近相等。

（3）漫射照明。这种照明装置，是利用灯具的折射功能来控制眩光，将光线向四周扩散、漫散。漫射照明通常有两种方式：一种是光线从灯罩上口射出，经平顶反射，两侧从半透明灯罩扩散；另一种是用半透明灯罩把光线全部封闭而产生的漫射，这种光线柔和、舒适。

需要注意以上三种照明方式，为了避免顶棚过亮，下吊的照明装置的上沿至少低于顶棚 30.5cm。

（4）直接照明。直接照明是光源直接照射物体或空间，光线直接投射到指定的位置上的照明方式，如人们常用的吊灯、射灯、格栅灯等。这种照明方式能产生较强的照度，能充分满足功能性需求，照明方式简单、直接。在直接照明中，有部分或大部分光投射到目的物上，而少部分光则向上照射。光影投射到物体的量不同，直接照明的效果也有强度不同。

直接照明能产生强烈的明暗对比与生动的阴影关系，对空间感和物体的质感塑造起着重要作用。直接照明能够提供给目的物很强的照度，形成视觉的凝聚力，能起到突出重点，形成光的节奏的重要作用。

（5）半直接照明。半直接照明方式是半透明材料制成的灯罩，遮住光源上部，60%～90%的光线集中射向工作面，10%～40%被罩住的光线又经半透明的灯罩扩散而向上漫射，其光线较柔和。由于漫射光能照亮平顶，使顶部产生较高的空间感。

5.4.3　室内照明艺术

没有光，人们的视觉就无法感知空间及空间内的物体。光除了照明功能外，与色能构成空间的美感，营造出独特地空间魅力。充满艺术魅力的人工照明设计就是利用光的一切特性去营造所需要的光的环境。

通过照明塑造空间氛围主要表现在以下几个方面：

1. 创造和渲染气氛

色彩是最快作用于人们的感官，影响人的心理的要素，光与色是不可分割的，没有光就没有色。光的亮度和色彩是决定气氛的主要因素，在室内空间中通过光的变化能影响人的情绪，渲染气氛。灯光的设计必须和空间所应具有的气氛相一致，而不能孤立地考虑灯光。室内空间中的形态、材质、色彩、空间关系等需要统一考虑，并不是光线越强越好，要调整好照度、色温、亮度的关系，要应用合理的照明方式。例如，咖啡厅的照明都采用低色温的暖色系，多以局部照明为主，以柔弱的光营造轻松而心旷神怡的效果。这些手段都是以咖啡厅的特征为主线，渲染温馨、醇厚、浪漫的气氛。

为加强私密性谈话区域的氛围。光线弱的灯和位置布置较低的灯，将光的亮度减少到功能强度的 1/5，使周围造成较暗的阴影，顶棚显得较低，使人与房间显得更亲近。由于光色的加强，光的相对亮度相应减弱，所以会使空间感觉亲切（见图 5.33）。在家居设计中，卧室多采用暖色调使整个气氛显得温馨自然。根据不同需要，冷光也能显示其独特的用处，要营造清爽怡人的氛围，尤其在夏季，青绿色的光使整个空间显得凉爽。总之，照明设计应根据不同的气候，环境以及整体建筑的性格来定义室内设计的要求。

2. 加强空间感和立体感

视觉感知空间和物体必须有光作为先决条件，人们是通过光感知到空间和形态。室内空间的物理属性当给予不同光的效果时，空间展现给人们的心理特征就产生变化。例如，亮度高的空间让人觉得空间大；反之，则觉得空间较小。间接照明能有效地增加室内的空间感，通过间接照明的装饰效果，营造出多姿多彩的空间表情。而直接光由于其直射目的物，空间物体的明暗关系强烈，光与影的对比能增加了空间和物体的立体感（见图 5.34）。

图 5.33 通过渲染气氛创造的室内照明效果　　图 5.34 通过加强空间感和主体感创造的室内照明效果

3. 强化空间的视觉交点

空间中的形态能否突出成为视觉交点，除自身的材质、色彩、比例关系的对比外，还可以借助灯光的设计达到醒目、突出的视觉效果，而不依赖空间中的形态、色彩等的跳跃。例如，在一片较昏暗的环境中，一束强光就能将人们的视线引向这个亮点。在商业空间中，利用射灯的局部照明突出商品，使空间的主题突出、环境减弱，从而提高了空间形态的诱惑力（见图 5.35）。利用直接照明、间接照明及其他照明方式是塑造空间视觉交点的重要手段。

4. 光影效果与装饰照明

光与影本是摄影作品中对光线的完美追求，而在室内空间中的光影效果，除前面讲过的对空间感、体积感的塑造外，这里所说的光影，是光源投射到形态上所产生的光的效果，包含着光与影。如绿色植物。由上射光投影到室内顶棚上斑驳的阴影会构成室内空间界面生动迷人的视觉效果。无论是自然采光还是人工采光，都可营造这种艺术效果。例如，大厅空间的玻璃幕墙、钢骨架，在阳光照射下，投在墙面和地面上的阴影，会产生丰富的视觉效果（见图 5.36）。在室内空间的墙面上，人们经常看到优美的扇贝形光点，塑造

图 5.35 通过强化空间的视觉交点创造的室内照明效果　　图 5.36 光影效果与装饰照明

了墙面上光的造型艺术，它不是以物质形态出现，而是以自身的光色作为造型手段，展现出迷人的视觉美感。

由于这种视觉美感的巨大诱惑力，所以现在非常多灯具制造商生产的照明灯具，除了满足照明功能外，还利用光色的变化，设计出各种色彩、形态的光的艺术效果，用丰富的光色在室内界面上塑造光怪陆离的装饰效果。

室内空间照明设计要综合多种因素，将功能照明与审美性完美融合，切不可使照明成为喧宾夺主的角色。

本 章 小 结

本章所介绍的形、色、材质、光等是室内设计中造型的基本要素，只有通过这些造型要素的合理应用才能提升空间的质量。对这些要素的应用，应根据室内空间自身的特征和要求，因地制宜，切不可单纯地追求形式。同时，这些造型要素既相互依存、密不可分，又相互制约，要充分认识它们各自的特点和应用的规律。为了更清楚地阐述它们各自的概念，本章对各造型要素单独讲述，但在学习和应用中，要始终认识到它们是完整的统一体。

室内设计所涉及的相关领域非常广泛，对室内造型要素的探讨和学习，只是整个室内设计学习中的一部分，一般人们所用的技术手段建立在符合人的生理、心理需求的基础上，使室内设计的语言融化在空间中。

思 考 题

1. 在室内空间中，简述点形态在空间构图中的平衡作用。
2. 利用线形态的变化，塑造室内顶棚的造型。
3. 在空间内用平面与曲面的组合，分割出三四个小空间。
4. 利用虚与实的体形态，在一个大空间内分割出三个不同的区域。
5. 利用色彩的明度、纯度、色相三要素处理室内空间的色彩关系。
6. 利用一次性肌理与二次性肌理的组合，体会其在室内空间中的合理构成。

第6章
室内界面的装饰设计

教学提示

本章从实际装修角度出发,介绍了室内各界面的要求与特点,重点讲解室内各界面的装饰设计,此外还对相对独立的室内门、窗、柱、楼梯等部件的装饰设计做了进一步讲解。界面和部件设计都要符合空间的功能与性质,符合并体现总体设计思路。

教学目标与要求

使学生了解界面与常用部件在室内设计中的重要性,使其从造型设计和构造设计两方面考虑界面与常用部件的装饰设计。

要求识记:室内顶界面、底界面、侧界面的装修要求以及室内门、窗、柱、楼梯等相对独立部件的装修设计要点。

领会:室内装修设计中安全可靠、坚固适用,造型美观、具有特色,选材合理、造价适宜,反复比较、便于施工的含义。

室内空间是人类劳动的产物,是相对于自然空间而言的,是人类有序生活组织所需要的物质产品。对于一个地面、顶盖、东西南北四方界面的六面体的房间来说,室内、外空间的区别容易被识别,但对于不具备六面体的围蔽空间来说,可以表现出多种形式的内、外空间关系,有时确实难以在性质上加以区别。

室内空间是由地面、墙面、顶棚三部分围合而成的。这三部分确定了室内空间大小和不同的空间形态,从而形成了室内空间环境。

6.1 室内各界面的要求与特点

内部空间是由界面围合而成的,位于空间顶部的平顶和吊顶等称为顶界面,位于空间下部的楼地面等称为底界面,位于空间四周的墙、隔断与柱廊等称为侧界面。建筑中的楼梯、围栏等是一些相对独立的部分,常常称为部件。

界面与部件的装饰设计,可以概括为造型设计和构造设计。造型设计涉及形状、尺度、色彩、图案与质地,其基本要求是切合空间的功能与性质,符合并体现环境设计的总体思路。构造设计涉及材料、连接方式和施工工艺,要安全、坚固、经济合理,符合技术经济方面的要求。总之,界面与部件的装饰设计要遵循以下几条原则:

(1) 安全可靠,坚固适用。界面与部件大都直接暴露在大气中,或多或少地受到物理、化学、机械等因素的影响,且有可能因此而降低自身的坚固性与耐久性,为此在装饰过程中常采用涂刷、裱糊、覆盖等方法加以保护。界面与部件往往要有较高的防水、防潮、防火、防震、防酸、防碱以及吸声、隔声、隔热等功能。因此在装饰设计中一定要认真解决安全可靠、坚固适用的问题。

（2）造型美观，具有特色。要充分利用界面与部件的设计强化空间氛围。要通过其自身的形状、色彩、图案、质地和尺度，让空间显得光洁或粗糙，凉爽或温暖，华丽或朴实，空透或闭塞，从而使空间环境能体现出应有的功能与性质。

要利用界面与部件的设计反映环境的民族性、地域性和时代性，如用砖、卵石、毛石等使空间富有乡土气息；用竹、藤、麻、皮革等使空间更具田园趣味；用不锈钢、镜面玻璃、磨光石材等使空间更具时代感。

要利用界面和部件的设计改善空间感。建筑设计中已经确定的空间可能有缺陷，通过界面和部件的装饰设计可以在一定程度上弥补这些缺陷。如强化界面的水平划分使空间更舒展；强化界面的垂直划分减弱空间的压抑感；使用粗糙的材料和大花图案，可以增加空间的亲切感；使用光洁材料和小花图案，可以使空间显得开敞，从而减少空间的狭窄感；用镜面玻璃或不锈钢装饰粗壮的梁柱，可以在视觉上使梁柱"消肿"，使空间不显得拥塞；用冷暖不同的颜色可以使空间分别显得宽敞和紧凑等。

在界面和部件上往往有很多附属设施，如通风口、烟感器、自动喷淋、扬声器、投影机、银幕和白板等，这些设施往往由其他工种设计，直接影响使用功能与美感。为此，室内设计师一定要与其他工种密切配合，让各种设施相互协调，保证整体上的和谐与美观。

（3）选材合理，造价适宜。选用什么材料，不但关系功能、造型和造价，而且关系人们的生活与健康。要充分了解材料的物理特性和化学特性，切实选用无毒、无害、无污染的材料。合理地表现材料的软硬、冷暖、明暗、粗细等特征，一方面要切合环境的功能要求，另一方面要借以体现材料的自身表现力，努力做到优材精用、普材巧用、合理搭配。要注意选用竹、木、藤、毛石、卵石等地方性材料，达到降低造价、体现特色的目的。要处理好一次投资和日常维修费用的关系，综合考虑经济技术上的合理性。

（4）优化方案，方便施工。针对同一界面和部件，可以提出多个装修方案，要从功能、经济、技术等方面进行综合比较，从中选出最为理想的方案。要考虑工期的长短，尽可能使工程早日交付使用。还要考虑施工的简便程度，尽量缩短工期，保证施工的质量。

6.2 室内各界面的装饰设计要点

6.2.1 顶界面的装饰设计

顶界面即空间的顶部。在楼板下面直接用喷、涂等方法进行装饰的称为平顶；在楼板下另做吊顶装饰的称为吊顶或顶棚，平顶和吊顶又统称天花。

顶界面是三种界面中面积较大的界面，且几乎毫无遮挡地暴露在人们的视线内，能极大地影响环境的使用功能与视觉效果，必须从环境性质出发，综合各种要求，强化空间特色。顶界面的设计有多种形式，如图6.1所示，可根据实际需要进行选择。

顶界面设计首先要考虑空间功能的要求，特别是照明和声学方面的要求，这些要求在剧场、电影院、音乐厅、美术院、博物馆等建筑中是十分重要的。对音乐厅等观演建筑来

图 6.1 顶界面设计的多种形式

说，顶界面要充分满足声学方面的要求，保证所有座位都有良好的音质和足够的强度，观众厅也应有豪华的顶饰和灯饰，以便让观众在开演之前及幕间休息时欣赏（见图 6.2、图 6.3）。电影院的顶界面可相对简洁，造型处理和照明灯具应将观众的注意力集中到荧幕上。

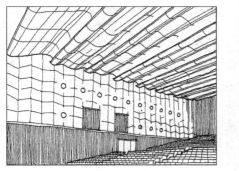 

图 6.2 观演建筑的顶界面设计

图 6.3 观演建筑的吊顶设计

此外，顶界面上的灯具、通风口、扬声器和自动喷淋等设施也应纳入设计的范围。要特别注意配置好灯具，因为它们既可以影响空间的体量感和比例关系，又可以使空间具有或者豪华、或者朴实、或者平和、或者活跃的气氛。

6.2.2 顶界面的构造

1. 平顶

平顶多做在钢筋混凝土楼板下，表层可以抹灰、喷涂、油漆或裱糊。完成这种平顶的基本步骤是先用碱水清洗表面油腻，再刷素水泥砂浆，然后做中间抹灰层。表面按设计要求刷涂料、刷油漆或裱壁纸。最后，做平顶与墙面相交的阴角和挂镜线。如用板材饰面，为不占较多的高度，可用射钉或膨胀螺栓将木搁栅直接固定在楼板的下表面，再将饰面板（胶合板、金属薄板或镜面玻璃等）用螺钉、木压条或金属压条固定在搁栅上。如果采用轻钢搁栅，则可将饰面板直接搁置在搁栅上。

2. 吊顶

吊顶由吊筋、龙骨和面板三部分组成。吊筋通常由圆钢制作，直径不小于6mm。龙骨可用木、钢或铝合金制作。木龙骨由主龙骨、次龙骨和横撑组成。主龙骨的断面常为50mm×70mm，次龙骨和横撑的断面常为50mm×50mm。它们组成网格形平面，网格尺寸与面板尺寸相契合。为满足防火要求，木龙骨表面要涂防火漆。钢龙骨由薄壁镀锌钢带制成，有38、56、60三个系列，可分别用于不同的荷载。铝合金龙骨按轻型、中型、重型划分系列。

用于吊顶的板材有纸面石膏板、矿棉板、木夹板（应涂防火涂料）、铝合金板和塑料板等多种类型，有时也使用木板、竹子和各式各样的玻璃等。下面介绍几种常用的吊顶：

（1）轻质板吊顶。在工程实践中，大量使用着轻质装饰板。这类板包括石膏装饰板、珍珠岩装饰板、矿棉装饰板、钙塑泡沫装饰板、塑料装饰板和纸面稻草板。其形状有长、方两种，方形板边长300~600mm，厚度为5~40mm。轻质装饰板表面多有凹凸的花纹或构成图案的孔眼，因此，几乎都有一定的吸声性，故也可称为装饰吸声板。如图6.4、图6.5所示分别为石膏板吊顶构造示意和石膏板吊顶效果。

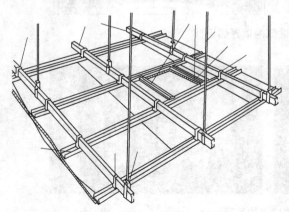

图 6.4 石膏板吊顶构造示意

图 6.5 石膏板吊顶效果

（2）玻璃吊顶。镜面玻璃吊顶多用于空间较小、净高较低的场所，主要目的是增加空间的尺度感。镜面玻璃的外形多为长方形，长为500～1000mm，厚度为5.6mm，玻璃可以车边，也可不车边。

镜面玻璃吊顶宜用木搁栅，底面要平整，其下还要先钉一层5～10mm厚的木夹板。镜面玻璃借螺钉（镜面玻璃四角钻孔）、铝合金压条或角铝包边固定在木夹板上。

为体现某种特殊气氛，也可用印花玻璃、贴花玻璃作吊顶，它们常与灯光相配合，而取得蓝天白云、霞光满天等效果（见图6.6）。

图6.6 玻璃吊顶

（3）金属板吊顶。金属板包括不锈钢板、钢板网、金属微孔板、铝合金压型条板及铝合金压型薄板等。金属板具有质量轻、耐腐蚀和耐火等特点，带孔金属板还有一定的吸声性，可以压成各式凸凹纹，还可以处理成不同的颜色。金属板呈方形、长方形或条形，方形板多为500mm×500mm及600mm×600mm；长方形板短边为400～600mm，长边一般不超过1200mm；条形板宽为100mm或200mm，长为2000mm。

（4）胶合板吊顶。胶合板吊顶的龙骨多为木龙骨。由于胶合板尺寸较大，容易裁割，所以既可做成平滑式吊顶，又能做成分层式吊顶、折面式吊顶或轮廓为曲线的吊顶。胶合板的表面，可用涂料、油漆、壁纸等装饰，色彩、图案应以环境的总体要求为根据。

6.2.3 侧界面的装饰设计

侧界面也称垂直界面，有开敞的和封闭的两大类。前者指立柱、幕墙、有大量门窗洞口的墙体和多种多样的隔断，以此围合的空间，常形成开敞式空间。后者主要指实墙，以此围合的空间，常形成封闭式空间。侧界面面积较大，距人较近，又常有壁画、雕刻、挂毯、挂画等壁饰，因此侧界面装饰设计除了要遵循界面设计的一般原则外，还应充分考虑侧界面的特点，在造型、选材等方面进行认真的推敲，全面考虑使用要求和艺术要求，充分体现设计的意图。侧界面的设计形式如图6.7所示。

从使用上看，侧界面可能会有防潮、防火、隔声、吸声等要求，在使用人数较多的大空间内还要使侧界面下半部坚固耐碰，便于清洗，不致被人、车、家具弄脏或撞破。

图 6.7 侧界面的设计形式

图 6.8 侧界面设计的空实程度

侧界面是家具、陈设和各种壁饰的背景,要注意发挥其衬托作用。如有大型壁画、浮雕或挂毯时,室内设计师应注意其与侧界面的协调,保证总体格调的统一。

要注意侧界面的空实程度,有时可能是完全封闭的,有时可能是半隔半透的,有时则可能是基本空透的。要注意空间之间的关系以及内部空间与外部空间的关系,做到该隔则隔,该透则透,尤其要注意吸纳室外的景色(见图 6.8)。

侧界面往往是有色或有图案的,其自身的风格及凹凸变化也有图案的性质,它们或冷或暖,或水平或垂直,或倾斜或流动,无不影响空间的特性。

1. 墙面装饰

墙面的装饰方法很多,大体上可以归纳为抹灰类、喷涂类、裱糊类、板材类和贴面类等。

(1)抹灰类墙面。以砂浆为主要材料的墙面,统称抹灰类墙面,按所用砂浆又分为普通抹灰和装饰抹灰两类。

普通抹灰由两层或三层构成。底层的作用是使砂浆与基层能够牢固地结合在一起,故要有较好的保水性,以防止砂浆中的水分被基底吸掉而影响粘结力。砖墙上的底层多为石灰砂浆,其内常掺一定数量的纸筋或麻刀,目的是防止开裂,并增强粘结力;混凝土墙上的底层多用水泥、白灰混合砂浆;在容易碰撞和经常受潮的地方,如厨房、浴室等,多使用水泥砂浆底层,配合比为 1∶2.5,厚度为 5~10mm。中层的主要作用是找平,有时可省略不用,所用材料与底层相同,厚度为 5~12mm。面层的主要作用是平整美观,常用材料有纸筋砂浆、水泥砂浆、混合砂浆和聚合砂浆等。

装饰抹灰的底层和中层与普通抹灰相同,面层则由于使用特殊的胶凝材料或工艺,而具备多种颜色或纹理。装饰抹灰的胶凝材料有普通水泥、矿渣水泥、火山灰质水泥、白色水泥和彩色水泥等,有时还在其中掺入一些矿物颜料及石膏。其骨料则有大理石、花岗石碴及玻璃等。从工艺上看,常见的"拉毛"可算是装饰抹灰的一种。其基本做法是用水泥砂浆打底,用水泥石灰砂浆作面层,在面层初凝而未凝之前,用抹刀或其他工具将表面做成凸凹不平的样子。其中,用板刷拍打的,称为大拉毛或小拉毛;用小竹扫洒浆扫毛的称为洒毛或甩毛;用滚筒压的视套板花纹而决定的,表面常呈树皮状或条线状。拉毛墙面有利于声音的扩散,多用于影院、剧场等对于声学有较高要求的空间(见图6.9)。传统的水磨石也可视为装饰抹灰,但由于工期长,又属湿作业,所以现已较少使用。

混凝土墙在拆模后不再进行处理的称为清水混凝土墙面。但这里所说的混凝土并非普通混凝土,而是对骨料和模板另有技术要求的混凝土。首先,要精心设计模板的纹理和接缝。如果用木模,则其木纹要清晰好看;如要求显现特殊图案,则要用泡沫塑料或硬塑料压出图案做衬模。其次,要细心选用骨料,做好级配,要确保振捣密实,没有蜂窝、麻面等弊病。清水混凝土墙面,质感粗犷,质朴自然,用于较大空间时,可以给人气势恢弘的感觉。值得注意的是其表面容易积灰,故不宜用于卫生状况不良的环境(见图6.10)。

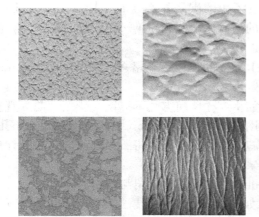

图6.9 "拉毛"墙面的肌理

图6.10 清水混凝土装饰墙

(2) 竹木类墙面。竹子比树木生长快,三五年即可用于家具或建筑。用竹子装饰墙面,不仅经济实惠,而且还能使空间具有浓郁的乡土气息。

用竹装饰墙面,就要对其进行必要的处理。为了防霉、防蛀,可用100份水、3.6份硼酸、2.4份硼砂配成溶液,在常温下将竹子浸泡48h。为了防止开裂,可将竹浸在回流中数月后取出风干,也可用明矾水或石碳酸溶液蒸煮。竹子的表面可以抛光,也可涂漆或喷漆。

用于装饰墙面的竹子应该均匀、挺直,直径小的可用整圆的,直径较大的可用半圆的,直径更大的也可剖成竹片用。竹墙面的基本做法是:先用方木构成框架,在框架上钉一层胶合板,再将整竹或半竹钉在框架上。

木墙面是一种比较高级的界面。常见于客厅、会议室及声学要求较高的场所。有些可以只在墙裙的范围内使用木墙面,这种墙面也称护壁板。

木墙面的基本做法是:在砖墙内预埋木砖,在木砖上面立墙筋,墙筋的断面为(20~45)mm×(40~50)mm,间距为400~600mm,具体尺寸应与面板的规格相协调,横筋间距与立筋间距相同。为防止潮气使面板翘曲或腐烂,应在砖墙上做一层防潮砂浆,待其干燥后,再在其上刷一层冷底子油,铺一层油毛毡。当潮气很重时,还应在面板与墙体之间组织通风,即在墙筋上钻一些通气孔。当空间环境有一定防火要求时,墙筋和面板应涂防火漆。面板厚12~25mm,常选硬木制成。断面有多种形式,拼缝也有透空、企口等。

除用硬木条板外,实践中也用其他木材制品如胶合板、纤维板、刨花板等做墙面。胶合板有三层、五层、七层等多种，俗称三夹板、五夹板和七夹板，最厚的可达十三层。纤维板是用树皮、刨花、树枝干等废料，经过破碎、浸泡、研磨等工序制成木浆，再经湿压成型、干燥处理而成的。根据成型时的温度与压力不相同，其分硬质、中质和软质三种。刨花板以木材加工中产生的刨花、木屑等为原料，经切削、干燥，拌以胶料和硬化剂而压成，其特点是吸声性能较高。普通胶合板墙面的做法与条形板墙面的做法相似，如用于录音室、播音室等声学要求较高的场所，可将墙面做成折线形或波浪形，以增加其扩声的效果。当侧界面采用木墙面或木护墙板时，踢脚板一般也应用木制的。

(3) 石材类墙面。装饰墙面的石材有天然石材与人造石材两大类。前者指开采后加工成的块石与板材，后者是以天然石碴为骨料制成的块材与板材。用石材装饰墙面要精心选择色彩、花纹、质地和图案，还要注意拼缝的形式以及与其他材料的配合。

① 天然大理石墙面。天然大理石是变质或沉积的碳酸盐类岩石，特点是组织细密，颜色多样，纹理美观。与花岗石相比，大理石的耐风化性能和耐磨、耐腐蚀性能稍差，故很少用于室外和地面装饰。

天然石板的标准厚度为20mm，现在12～15mm的薄板逐渐增多，最薄的只有7mm。我国常用石板的厚度为20～30mm，每块面积为0.25～0.5m²。

大理石墙面的一般做法是：在墙中甩出钢筋头，在墙面绑扎钢筋网，所用钢筋的直径为6.9mm，上下间距与石板高度相同，左右间距为500～1000mm。石板上部两端钻小孔，通过小孔用钢丝或铅丝将石板扎在钢筋网上。施工时，先用石膏将石板临时固定在设计位置，绑扎后，再往石板与墙面的空隙灌水泥砂浆。

采用大理石墙面，必须使墙面平整，接缝准确，并要做好阳角与阴角。

用大理石板材作护墙板，做法相对简单。如果护墙板高度不超过3m，可以采用直接粘贴的方法：当基层为混凝土时，刷处理剂以代替凿毛，然后抹一层10mm厚的1∶2.5水泥砂浆并划出纹道，再用建筑胶粘贴石板，最后用白水泥浆擦缝或直接留丝缝；当基底为砖墙时，可直接抹18mm厚1∶2.5水泥砂浆，其余做法与上述方法相同。直接粘贴的大理石板材，厚度最好薄些，常用厚度为6～12mm。

随着幕墙技术的普及，很多地方也开始在室内采用干挂大理石和花岗石的做法。

② 天然花岗石墙面。天然花岗石属岩浆岩，主要矿物成分是长石、石英及云母，比大理石更硬、更耐磨、耐压、耐侵蚀。花岗石多用于外墙和地面装饰，偶尔也用于墙面和柱面装饰，其构造与大理石墙面相似。花岗石是一种高档的装修材料；花纹呈颗粒状，并有发光的云母微粒，磨光抛光后，宛如镜面，颇能显示豪华富丽的气氛。

③ 人造石板墙面。人造石主要指预制水磨石、人造大理石及人造花岗石。预制水磨石是以水泥（或其他胶结料）和石碴为原料制成的，常用厚度为15～30mm，面积为0.25～0.5m²，最大规格为1250mm×1200mm。

人造大理石和人造花岗石以石粉及粒径为3mm的石碴为骨料，以树脂为胶结剂，经搅拌、注模、真空振捣等工序一次成型，再经锯割、磨光而成材，花色和性能均可达到甚至优于天然石。

④ 天然毛石墙面。用天然块石装饰内墙者不多，因为块石体积厚重，施工也较麻烦。常见的毛石墙面，大都是用雕琢加工的石板贴砌的。雕琢加工的石板，厚度多在30mm以上，可以加工出各种纹理，通常说的"文化石"即属这一类。毛石墙面质地粗犷、厚重，与其他相对细腻的材料相搭配，可以显示出强烈的对比，因而常能取得令人振奋的视觉效

果(见图 6.11)。

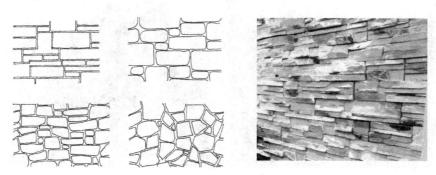

图 6.11 天然毛石墙面

(4) 瓷砖类墙面。用于内墙的瓷砖有多种规格,多种颜色,多种图案。由于瓷砖吸水率小、表面光滑、易于清洗、耐酸耐碱,故多用于厨房、浴室、实验室等多水、多酸、多碱的场所。近年来,瓷砖的种类越来越多,有些仿石瓷砖的色彩、纹理接近天然大理石和花石岗,但价格却比天然大理石、花岗石低得多,故常被用于档次一般的厅堂,以便能既减少投资,又取得不错的艺术效果。

在有特殊艺术要求的环境中,可用陶瓷制品作壁画,常用方法有三种。一是用陶瓷锦砖(也称马赛克)拼贴;二是在白色釉面砖上用颜料画上画稿,再经高温烧制;三是用浮雕陶瓷板及平板组合镶嵌成壁雕。

(5) 裱糊类墙面。裱墙纸图案繁多、色泽丰富,通过印花、压花、发泡等工艺可产生多种质感。用墙纸、锦缎等裱糊墙面可以取得良好的视觉效果,同时具有施工简便等优点。

纸基塑料墙纸是一种应用较早的墙纸。它可以印花、压花,有一定的防潮性,并且比较便宜,缺点是易撕裂,不耐水,清洗也较困难。

普通墙纸是用 $80g/m^2$ 的纸作基材。如改用 $100g/m^2$ 的纸,增加涂塑量,并加入发泡剂,即可制成发泡墙纸。其中,低发泡墙纸可以印花或压花,高发泡墙纸表面具有更加凸凹不平的花纹,装饰性和吸声性均优于普通墙纸。

除普通墙纸和发泡壁墙纸外,还有许多特种壁纸,如仿真墙纸、风景墙纸、金属墙纸等。

(6) 软包类墙面。以织物、皮革等材料为面层,下衬海绵等软质材料的墙面称为软包墙面,它们质地柔软、吸声性能良好,常被用于幼儿园活动室、会议室、歌舞厅等空间。

用于软包墙面的织物面层,质地宜稍厚重,色彩、图案应与环境性质相契合。作为衬料的海绵厚 40mm 左右。

皮革面层高雅、亲切,可用于档次较高的空间,如会议室和贵宾室等。

人造皮革是以毛毡或麻织物作底板,浸泡后加入颜色和填料,再经烘干、压花、压纹等工艺制成的。用皮革和人造皮革覆面时,可采用平贴、打折、车线、钉扣等形式。无论采用哪种覆面材料,软包墙面的基底均应做防潮处理(见图 6.12)。

(7) 板材类墙面。用来装饰墙面的板材有石膏板、金属板、塑铝板、防火板、玻璃板、塑料板和有机玻璃板等。

① 石膏板墙面。石膏板是用石膏、废纸浆纤维、聚乙烯醇胶粘剂和泡沫剂制成的,具有可锯、可钻、可钉、防火、隔声、质轻、防虫蛀等优点,表面可以油漆、喷涂或贴墙纸。常用的石膏板有纸面石膏板、装饰石膏板和纤维石膏板。石膏板规格较多,长为 300~

图 6.12　软包类墙面

500mm，宽为 450~1200mm，厚为 9.5mm 和 12mm。石膏板可以直接粘贴在承重墙上，但更多的是钉在非承重墙的木龙骨或轻钢龙骨上。板间缝隙要填腻子，在其上粘贴纸带，纸带之上再补腻子，待完全干燥后，打磨光滑，再进一步进行涂刷等处理。石膏板耐水性差，不可用于多水潮湿处。

② 金属板墙面。用铝合金、不锈钢等金属薄板装饰墙面不仅坚固耐用、新颖美观，还有强烈的时代感。值得注意的是金属板质感硬冷，大面积使用时(尤其是镜面不锈钢板)容易暴露表面不平等缺陷。铝合金板有平板、波型、凸凹型等多种，表面可以喷漆、烤漆、镀锌和涂塑。不锈钢板耐腐性强，可以做成镜面板、雾面板、丝面板、凸凹板、腐蚀雕刻板、穿孔板或弧形板，其中的镜面板常与其他材料组合使用，以取得粗细、明暗对比的效果。金属板可用螺钉钉在墙体上，也可用特制的紧固件挂在龙骨上。

③ 玻璃板墙面。玻璃的种类极多，用于建筑的有平板玻璃、磨砂玻璃、夹丝玻璃、花纹玻璃(压花、喷花、刻花)、彩色玻璃、中空玻璃、彩绘玻璃、钢化玻璃、吸热玻璃及玻璃砖等。这些玻璃中的大多数，已不再是单纯的透光材料，还常常具有控制光线、调节能源及改善环境的作用。

用于墙面的玻璃大体有两类：一是平板玻璃或磨砂玻璃；二是镜面玻璃。在下列情况下使用镜面玻璃墙面是适宜的：一是空间较小，用镜面玻璃墙扩大空间感；二是构件体量大(如柱子过粗)，通过镜面玻璃"弱化"或"消解"构件；三是故意制造华丽甚至戏剧性的气氛，如用于舞厅或夜总会；四是着力反映室内陈设，如用于商店，借以显示商品的丰富；五是用于健身房、练功房，让训练者能够看到自己的身姿。

图 6.13　镜面玻璃墙

镜面玻璃墙可以是通高的，也可以是半截的。采用通高墙面时，要注意保护下半截，如设置栏杆、水池、花台等，以防被人碰破。玻璃墙面的基本做法是：在墙上架龙骨，在龙骨上钉胶合板或纤维板，在板上固定玻璃。具体方法有三种：一是在玻璃上钻孔，用镀铬螺钉或铜钉把玻璃拧在龙骨上；二是用螺钉固定压条，通过压条把玻璃固定在龙骨上；三是用玻璃胶直接把玻璃粘在衬板上(见图 6.13)。

④ 塑铝板墙面。塑铝板厚3～4mm，表面有多种颜色和图案，可以十分逼真地模仿各种木材和石材。它施工简便，外表美观，故常用于外观要求较高的墙面。

2. 隔断的装饰（见图6.14）

图6.14　隔断的装饰形式

隔断与实墙都是空间中的侧界面，隔断与实墙的区别主要表现在分隔空间的程度和特征上。一般来说，实墙（包括承重墙和隔墙）是到顶界面的，因此，它不仅能够限定空间的范围，而且能在较大程度上阻隔声音和视线。与实墙相比较，隔断限定空间的程度比较小，形式也更加多样与灵活。有些隔断不到顶，只限定空间的范围，难于阻隔声音和视线；有些隔断可能到顶，但全部或大部分使用玻璃或花格，阻隔声音和视线的能力同样比较差；有些隔断是推拉的、折叠的或拆装的，关闭时类似隔墙，可以限制通行，也能在一定程度上阻隔声音或视线，但可以根据需要随时拉开或撤掉，使本来被隔的空间再连起来。诸如此类的情况均表明，隔断限定空间的程度比实墙小，但形式比实墙多。

中国古建筑多用木构架，它为灵活划分内部空间提供了可能，也使中国有了隔扇、罩、屏风、博古架、幔帐等多种极具特色的空间分隔物。这是中国古代建筑的一大特点，也是一大优点，值得今天的室内设计工作者借鉴发扬。

常用隔断的装修设计介绍如下：

（1）隔扇类。

① 隔扇。传统隔扇多用硬木精工制作，上部称为格心，可做成各种花格，用来裱纸、裱纱或镶玻璃；下部称为裙板，多雕刻吉祥如意的纹样，有的还镶嵌玉石或贝壳。传统隔扇开启方便，极具装饰性。在现代室内设计中，特别是设计中式环境时，可以借鉴传统隔扇的形式，使用一些现代材料和手法，让它们既有传统特征，又有时代气息（见图6.15）。

② 拆装式隔断。拆装式隔断是由多扇隔扇组成的，它们拼装在一起，可以组成一个成片的隔断，把大空间分隔成小空间；如有另一种需要，则可一扇一扇地拆下去，把小空间连成大空间。

③ 折叠式隔断。折叠式隔断大多是以木材制作的，隔扇的宽度比拆装式小，一般为500～1000mm。隔扇顶部的滑轮可以放在扇的正中，也可放在扇的一端。前者由于支承点与扇的重心重合在一条直线上，地面上设不设轨道都可以；后者由于支承点与扇的重心不在一条直线上，故一般在顶部和地面同时设轨道，这种方式适用于较窄的隔扇。隔扇之间需用铰链连接，折叠式隔断收拢时，可收向一侧或两侧。

图 6.15 隔扇的形式

(2) 罩。罩起源于中国传统建筑,是一种附着于梁和墙柱的空间分隔物。两侧沿墙柱下延并且落地者称为落地罩,它们往往用硬木精制,名贵者多做雕饰,有的还镶嵌玉石或贝壳。罩类隔断透空、灵活,可以形成似分非分、似隔不隔的空间层次,不仅在传统建筑中多见,而且为今天的设计装饰所惯用(见图 6.16)。

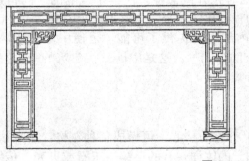 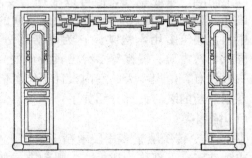

图 6.16 罩的形式

(3) 博古架。博古架是一种既有实用功能,又有装饰价值的空间分隔物。实用功能表现为能够陈设书籍、古玩和器皿,装饰价值表现为分格形式美观和工艺精致。古代的博古架常用硬木制作,多用于书房和客厅。现在的博古架往往采用玻璃隔板、金属立柱或可以拉紧的钢丝,外形更加简洁而富现代气息。博古架可以看成家具,也可以作为空间分隔物,因而也具有隔断的性质(见图 6.17)。

(4) 屏风。屏风有独立式、联立式和拆装式三类。独立式靠支架支撑而自立,经常作为人物和主要家具的背景。联立式由多扇组成,可由支座支撑,也可铰接在一起,折成锯齿形状而直立。这两种屏风在传统建筑中屡见不鲜,常用木材作骨架,在中间镶嵌木板或裱糊丝绢,并用雕刻、书法或绘画做装饰。

图 6.17　作为空间分隔物的博古架

（5）花格。这里所说的花格是一种以杆件、玻璃和花饰等要素构成的空透式隔断。花格可以限定空间范围，具有很强的装饰性，但大都不能阻隔声音和视线。

木花格是常见花格之一。它以硬杂木做成，杆件可用榫接，或用钉接和胶接，还常用金属、有机玻璃、木块做花饰。木花格中也有使用各式玻璃的，不论夹花、印花或刻花，均能给人以新颖、活泼的感受。

（6）玻璃隔断。这里所说的玻璃隔断有三类：一类是以木材和金属做框，中间大量镶嵌玻璃的隔断；二类是没有框料，完全由玻璃构成的隔断；三类是玻璃砖隔断。前两类可用普通玻璃，也可用压花玻璃、刻花玻璃、夹花玻璃、彩色玻璃和磨砂玻璃。以木材为框料时，可用木压条或金属压条将玻璃镶在框架内；以金属材料为框料时，压条也用金属的，金属表面可以电镀抛光，还可以处理成银白、咖啡等颜色。

全部使用玻璃的隔断主要用于商场和写字楼。它清澈、明亮，不仅可以让人们看到整个场景，还有一种鲜明的时代感。这种玻璃厚为 12～15mm，玻璃之间用胶接（见图 6.18）。

玻璃砖有凹凸型玻璃砖和空心玻璃砖两种。凹凸型玻璃砖的规格是 148mm×148mm×42mm、203mm×203mm×50mm 和 220mm×220mm×50mm。空心玻璃砖的常用规格是 200mm×200mm×90mm 和 220mm×220mm×90mm。玻璃砖隔断的基本做法是：在底座、边柱（墙）和顶梁中甩出钢筋，在玻璃砖中间架纵横钢筋网，让网与甩出的钢筋相连，再在纵横钢筋的两侧用白水泥勾缝，使其成为美观的分格线。玻璃砖隔断透光，但能够遮蔽景物，是一种新颖美观的界面。玻璃砖隔断一般面积不宜太大，根据经验，最好不要超过 13m²，否则就要在中间增加横梁和立柱（见图 6.19）。

图 6.18　玻璃隔断　　　　　　　　　图 6.19　玻璃砖隔断

6.2.4 底界面的装饰设计

内部空间底界面装饰设计一般是指楼地面的装饰设计。

普通楼地面应有足够的耐磨性和耐水性,并要便于清扫和维护;浴室、厨房、实验室的楼地面应有更高的防水、防火、耐酸、耐碱等能力;经常有人停留的空间如办公室和居室等的楼地面应有一定的弹性和较小的传热性;对某些楼地面来说,也许还会有较高的声学要求,为减少空气传声,要严堵孔洞和缝隙,为减少固体传声,要加做隔声层等。

楼地面面积较大,其图案、质地、色彩可能给人留下深刻的印象,甚至影响整个空间的氛围。为此,必须慎重选择和调配。

选择楼地面的图案要充分考虑空间的功能与性质。在没有多少家具或家具只布置在周边的大厅、过厅中,可选用中心比较突出的团花图案,并与顶棚造型和灯具相对应,以显示空间的华贵和庄重。在一些家具覆盖率较大或采用非对称布局的居室、客厅、会议室等空间中,宜优先选用一些网格形的图案,给人以平和稳定的印象,如果仍然采用中心突出的团花图案,其图案很可能被家具覆盖而不完整。有些空间可能需要一定的导向性,不妨用斜向图案,让它们发挥诱导、提示的作用。在现代室内设计中,设计师为追求一种朴实、自然的情调,常常故意在内部空间设计一些类似街道、广场、庭园的地面,其材料往往为大理石碎片、卵石、广场砖及琢毛的石板。

楼地面的种类很多,有水泥地面、水磨石地面、瓷砖地面、陶瓷锦砖地面、石地面、木地面、橡胶地面、玻璃地面和地毯,下面着重介绍一些常用的地面。

1. 瓷砖地面

瓷砖极多,从表面状况说有普通的、抛光的、仿古的和防滑的等,颜色、质地和规格就更多了。抛光砖大多模仿石材,外观宛如大理石和花岗石,规格有 400mm × 400mm、500mm × 500mm 和 600mm × 600mm 等多种,最大的面积可达 $1m^2$ 或更大,厚度为 8~10mm。仿古砖表面粗糙,颜色素雅,有古拙自然之感。防滑砖表面不平,有凸有凹,多用于厨房等地。铺瓷砖时,应做 20mm 厚的 1∶4 干硬性水泥砂浆结合层,并在上面撒一层素水泥,边洒清水边铺砖。瓷砖间可留窄缝或宽缝,窄缝宽约 3mm,须用水泥擦严,宽缝宽约 10mm,须用水泥砂浆勾上。有些时候,特别是在使用抛光砖的时候,常常用紧缝,即将砖尽量挤紧,目的是取得更加平整光滑的效果(见图 6.20)。

图 6.20 瓷砖地面

2. 马赛克地面

马赛克是一种尺寸很小的瓷砖,由于可以拼成多种图案,所以现在一般统一称为锦砖。陶瓷锦砖的形式很多,有方形、矩形、六角形、八角形等多种。方形的尺寸常为

39mm×39mm、23.6mm×23.6mm 和 18.05mm×18.05mm。厚度均为 4.5mm 或 5mm。为便于施工，小块锦砖在出厂时已拼成 300mm×300mm（也有 600mm×600mm）的一大块，并粘贴在牛皮纸上。施工时，先在基层上做 20mm 厚的水泥砂浆结合层，并在其上撒水泥，之后即可把大块锦砖铺在结合层上。初凝之后，用清水洗掉牛皮纸，锦砖便显露出来。陶瓷锦砖具有一般瓷砖的优点，适用于面积不大的厕所、厨房及实验室等（见图 6.21）。

图 6.21　马赛克地面

3. 石地面

室内地面所用石材一般多为磨光花岗石（见图 6.22），因为花岗石比大理石更耐磨，所以更具耐碱、耐酸的性能。有些地面有较多的拼花，为使色彩丰富、纹理多样，也掺杂使用大理石。石地面光滑、平整、美观、华丽，多用于公共建筑的大厅、过厅、电梯厅等处。

4. 木地面

普通木地板的面料多为红松、华山松和杉木，由于材质一般，施工也较复杂，已经很少采用。

硬木条木地板的面料多为柞木、榆木和核桃木，质地密实，装饰效果好，故常用于较为重要的厅堂。近年来，市场上大都供应免刨、免漆地板，其断面宽

图 6.22　花岗岩地面

度为 50mm、60mm、80mm 或 100mm，厚度为 20mm 上下，四周有企口拼缝。这种板制作精细，省去了现场刨光、油漆等工序，颇受人们欢迎，故广泛用于宾馆和家庭。

条木拼花地板是一种等级较高的木地板，材种多为柞木、水曲柳和榆木等硬木，常见形式为席纹和人字纹。用来拼花的板条长为 250mm、300mm、400mm。宽为 30mm、37mm、42mm、50mm，厚为 18～23mm。免刨、免漆的拼花地板，板条长宽比上述尺寸略大。单层拼花木地板均取粘贴法，即在混凝土基层上做 20mm 的水泥砂浆找平层，用胶粘剂将板条直接粘上去。双层拼花木地板是先在基层之上做一层毛地板，再将拼花木地板

钉在其上面。

复合木地板是一种工业化生产的产品。装饰面层和纤维板通过特种工艺压在一起，饰面层可为枫木、榉木、桦木、橡木、胡桃木……有很大的选择性和装饰性。复合木地板的宽度为195mm，长度为2000mm或2010mm，厚度为8mm，周围有拼缝，拼装后不需刨光和油漆，既美观又方便，是家庭和商店的理想选择。复合木地板的主要缺点是板子太薄，弹性、舒适感、保暖性和耐久性不如上述条形木地板和拼花木地板。铺设复合木地板的方法是，将基层整平，在其上铺一层波形防潮衬垫，面板四周涂胶，拼装在衬垫上，门口等处用金属压条收口。

5. 橡胶地面

橡胶有普通型和难燃型之分，它们有弹性、不滑、不易在摩擦时发出火花，故常用于实验室、美术馆或博物馆等场所。橡胶地板有多种颜色，表面还可以做出凸凹起伏的花纹。铺设橡胶地板时应将基层找平，然后同时在找平层和橡胶地板背面涂胶，继而将橡胶地板牢牢地粘结在找平层上。

6. 玻璃地面

玻璃地面往往用于地面的局部，如舞厅的舞池等。使用玻璃地面的主要目的是增加空间的动感和现代感，因为玻璃板往往被架空布置，其下可能有流水、白砂、贝壳等景物，如加灯光照射，会更加引人注目。用作地面的玻璃多为钢化玻璃和镭射玻璃，厚度往往为10～15mm。

7. 地毯

地毯有吸声、柔软、色彩图案丰富等优点，用地毯覆盖地面不仅舒适、美观，还能通过特有的图案体现环境的特点。

市场上出售的地毯有纯毛、混纺、化纤、草编地等多种类型。

纯毛地毯大多以羊毛为原料，有手工和机织两大类。它弹性好，质地厚重，但价格较贵。在现代建筑中常常做成工艺地毯，铺在贵宾厅或客厅中。

混纺地毯是毛与合成纤维或麻等混纺的，如在纯毛中加入20％的尼龙纤维等。混纺地毯价格较低，还可以避免纯毛地毯不耐虫蛀等缺点。

化纤地毯是以涤纶、腈纶等纤维织成的，以麻布为底层，它着色容易，花色较多，且比纯毛地毯便宜，故大量用于民用建筑中。

选用地毯除选择质地外，重要的是选择颜色和图案，选择的主要根据是空间的用途和应有的气氛。空间比较宽敞而中间又无多少家具的过厅、会客厅等，可以选用色彩稍稍艳丽的中央带有团花图案的地毯；大型宴会厅、会议室等，可以选用色彩鲜明带有散花图案的地毯；办公室、宾馆客房和住宅中的卧室等，可选用单色地毯，最好是中灰、淡咖啡等比较稳重的颜色，以显示环境应有的素雅和安静。住宅的客厅往往都有一个沙发组，可在其间（即茶几之下）铺一块工艺地毯，另一方面让使用者感到舒适，另一方面借以增加环境的装饰性。

大部分地毯是整张、整卷的，也有一些小块拼装的，这些拼装块多为500mm×500mm，用它们铺盖大型办公空间等，简便易行，还利于日后的维修和更换。常见地毯的典型样式与适用场所如表6-1、表6-2所列。

表 6-1　地毯的典型样式

名称	典型式样	
素毯		
几何纹样毯		
乱花毯		
古典图案毯		

表 6-2　地毯的适用场所

名称	断面形状	适用场所
高簇绒		家庭、客房
低簇绒		公共场所
粗毛低簇绒		家庭或公共场所
一般圈绒		公共场所
高低圈绒		公共场所
粗毛簇绒		公共场所
圈、簇绒结合式		家庭或公共场所

6.3 门、窗、柱、楼梯等部件的装饰设计要点

门、窗、楼梯、栏杆等部件的装饰设计，可以在建筑设计过程中完成，也可以在室内设计过程中完成。

6.3.1 门的装饰设计

门的种类极多，按主要材料分有木质门、钢门、铝合金门和玻璃门等；按用途分有普通门、隔声门、保温门和防火门等；按开启方式分有平开门、弹簧门、推拉门、转门和自动门等。门的装饰设计包括外形设计和构造设计，不同材料和不同开启方式的门的构造是很不相同的。

图 6.23 中国传统风格的门

门的外形设计主要指门扇、门套（筒子板）和门头的设计，它们的形式不仅关系门的功能，也关系整个环境的风格。在上述三个组成部分中，门扇的面积最大，也最能影响门的效果。在民用建筑中，常用的门有以下几类：

(1) 中国传统风格的门，由传统隔扇发展而来，但在现代建筑中，大都适度简化，有的还用了现代材料如玻璃与金属等（见图 6.23）。

(2) 欧美传统风格的门，其大都显现于西方古典建筑和近现代欧美建筑，总体造型较厚重（见图 6.24）。

(3) 常见于居住建筑的普通门，其讲实用、较简单，多用于居室、厨房和厕所等。

(4) 一些讲究装饰艺术的现代门，其或用于公共建筑，或用于居住建筑，大都具有良好的装饰效果和现代感。这种门造型不拘一格，追求的是色彩、质地、材料的合理搭配，往往同时使用木材、玻璃、扁铁等材料（见图 6.25）。

图 6.24 欧美传统风格的门

图 6.25 铁艺装饰的门

门的构造因材料和开启方式的不同而不同。常用的木门由框、扇两部分组成。门扇可以用胶合板、饰面板、皮革、织物覆盖，可以大面积镶嵌玻璃，也可在局部用铝合金、钛合金、不锈钢等做装饰。下面具体介绍几种常用门的构造：

(1) 木质门。木质门从构造角度说有夹板门和镶板门两大类。夹板门由骨架和面板组成，面板以胶合板为主，也可局部使用玻璃及金属。镶板门的门扇以冒头和边梃构成框架，芯板均镶在框料中。这种门结实耐用，外观厚重，但施工较复杂。

(2) 玻璃门。这里所说的玻璃门大概有两类：一类以木材或金属做框料，中间镶嵌清玻璃、砂磨玻璃、刻花玻璃、喷花玻璃或中空玻璃，玻璃在整个门扇中所占比例很大；另一类完全用玻璃做门扇，扇中没有边梃、冒头等框料。

(3) 中式门。中式门是木门的一种，但式样特殊，做法也与常见的木门不同，即门扇常采用镶板法。所谓镶板法就是将实木板嵌在边梃和冒头的凹槽内，凹槽宽依嵌板厚度而定，凹槽深须保证嵌板与槽底有 2mm 左右的间隙。镶板门扇坚固、耐用，但费工、费料，故在普通门中已很少使用。

6.3.2　窗的装饰设计

建筑中的窗特别是外墙上的窗大多在建筑设计中设计完毕，只有少数有特殊要求以及在室内设计中增加的内窗才需要重新设计。

(1) 窗的式样。窗的式样有普通的，也有中式和西式的，其构造方法与门相似(见图 6.26、图 6.27)。

图 6.26　中式的窗

图 6.27　西式的窗

(2) 景门与景窗的装饰设计。在提及门窗的装饰设计时，不能不提及景门与景窗的设计。景门实际上是一个可以过人的门洞，因洞口形状富有装饰性而被称为景门。景窗可以采光和通风，但更重要的作用是供人观赏。带花饰的景窗，本身就是一幅画；不带花饰的景窗，也因外形美观且能成为"取景框"而能使人欣赏到它本身和它取到的景色。景窗内的花饰可以用木、砖、瓦、琉璃、扁铁等多种材料制作(见图 6.28)。

图 6.28 景门与景窗的装饰设计

6.3.3 柱的装饰设计

(1) 柱的造型设计，要与整个空间的功能性质相一致。如舞厅、歌厅等娱乐场所的柱子装修可以华丽新颖活跃些；办公场所的柱子装修要简洁、明快些；候机楼、候车厅、地铁等场所的柱子装修应坚固耐用，有一定的时代感；商店里的柱子装修则可与展示用的柜架和试衣间等相结合。如图 6.29 所示的柱的造型设计。

图 6.29 柱的造型设计

(2) 柱的尺度和比例。要考虑柱子自身的尺度和比例。柱子过高、过细时，可将其分为两段或三段；柱子过矮、过粗时，应采用竖向划分，以减弱短粗的感觉；柱子粗大而且很密时，可用光洁的材料如不锈钢、镜面玻璃做柱面，以弱化它的存在，或让它反射周围的景物，融于整个环境中。

(3) 柱与灯具设计相结合。即利用顶棚上的灯具、柱头上的灯具及柱身上的壁灯等共同表现柱子的装饰性。用做柱面的材料有多种多样，除墙面常用的瓷砖、大理石、花岗石、木材外，还常用防火板、不锈钢、塑铝板和镜面玻璃，有时也局部使用块石、铜、铁等。

6.3.4 楼梯的装饰设计

在建筑设计中，楼梯的位置、形式和尺寸已经基本确定。楼梯的装饰设计主要是进一步设计踏步、栏杆和扶手,这种情况大多出现在重要的公共建筑和改建建筑中。

1. 踏步

踏步的面层材料大多采用石材、瓷砖、地毯、玻璃和木材。前三种面层大多覆盖于混凝土踏步上,后两种面层大都固定在木梁或钢梁上。玻璃踏步由一层或两层钢化玻璃构成,一般情况下,只有踏面(水平面)而无踢面(垂直面),可用螺栓通过玻璃上的孔固定到钢梁上。玻璃踏步轻盈、剔透、具有很强的感染力,如果下面还有水池、白砂、绿化等景观,则更能增加楼梯的观赏性与趣味性。但是玻璃踏步防滑性能差,不够安全,故多用于强调观赏价值,行人不多的楼梯。木踏步质地柔软、富有弹性,行走舒适,外形美观,但防火性差,故常用于通过人数很少的场所,如复式住宅中。楼梯的装饰设计如图 6.30 所示。

图 6.30 楼梯的装饰设计

无论使用哪种踏步面层,都要做好防滑处理,并注意保护踏面与踢面形成的交角。防滑条的种类很多,常用的有陶瓷(成品)、钢、铁、橡胶及水泥金刚砂等。

2. 栏杆与扶手

通常说的楼梯栏杆是栏杆与栏板的通称。具体地说,由杆件和花饰构成,外观空透的称为栏杆;由混凝土、木板或玻璃板等构成,外观平实的称为栏板。栏杆与栏板作用相同,都是为使用楼梯者提供安全保证和方便。确定栏杆或栏板的形式除考虑安全要求外,还应充分考虑视觉和总体风格方面的要求,如封闭、厚重还是轻巧、剔透,古朴凝重还是

图 6.31　木栏杆设计

简洁现代等。常常有以下两种情况：一是追求西方古典风格，使用车木柱、铁制花饰或在欧美建筑中常见的栏板；二是强调现代气息，使用简洁明快的玻璃栏板或杆件较少的栏杆。

（1）木栏杆。由立柱或另加横杆组成。立柱可以是方形断面的，也可以是各式车木的，其上下端多以方形中榫分别与扶手和梯帮连接（见图6.31）。

（2）金属栏杆。金属栏杆有两类：一类以方钢、圆钢、扁铁为主要材料，形成立柱和横杆；另一类是由铸铁件构成的花饰。前者风格简约，后者更具装饰性。用做立柱的钢管直径为10～25mm，钢筋直径为10～18mm，方钢管截面为16mm×16mm～35mm×35mm，方钢截面约16mm×16mm。近年来，用不锈钢、铝合金、铜等制作的栏杆渐多，其形式与用钢铁等制作的栏杆相似（见图6.32）。

（3）玻璃栏板。用于栏板的玻璃是厚度大于10mm的平板玻璃、钢化玻璃或夹丝玻璃。有全玻璃的，也有与不锈钢立柱结合的。玻璃与金属件之间常用螺钉和胶相连接（见图6.33）。

图 6.32　金属栏杆设计　　　　　　　　　　图 6.33　玻璃栏板设计

（4）混凝土栏板。这是一种比较厚重的栏板，在现场浇灌，板底与楼梯踏步浇灌在一起。栏板两侧可用瓷砖、大理石、花岗石或水磨石等装修，形态稳定庄重，常用于商场、会堂等场所。有些混凝土栏板带局部花饰，花饰由金属或木材制作，具有更强的装饰性。

（5）扶手。扶手是供上下行人抓扶的，故材料、断面形状和尺寸应充分考虑使用者的舒适度。与此同时，也要使断面形状、色彩、质地具有良好的形式美，与栏杆（栏板）一起，构成美观耐看的部件。常用扶手有木的、橡胶的、不锈钢的、铜的、塑料的和石板的，现场水磨石扶手因施工不便已经很少使用。成人用扶手高度一般为900～1100mm，儿童用扶手高度为500～600mm。

在商场、博物馆等场所的大型楼梯中，为了行人使用方便，同时也为了创造一种特殊的艺术效果，可在扶手的下面做一个与扶手等长的灯槽。灯光向下，形成一个鲜明而又不刺眼的光带。

本 章 小 结

界面和常用部件是室内空间中的重要组成元素。界面分为顶界面、底界面和侧界面；常用部件往往指门窗、楼梯、围栏等相对独立的部分。界面和常用部件的装饰设计是室内设计中的重要内容，一般情况下人们可以从造型设计和构造设计两方面进行思考。

界面和部件的造型设计涉及形状、尺度、色彩、图案与质地，基本要求是符合空间的功能与性质，符合并体现总体设计思路。构造设计涉及材料、连接方式和施工工艺等内容，需要做到安全可靠、坚固适用、造型美观、具有特色、选材合理、造价适宜，反复比较、便于施工。

思 考 题

1. 室内界面装饰设计的内容是什么？
2. 在室内界面装饰设计中应遵循什么原则？
3. 室内不同界面的特点和设计要点分别是什么？
4. 列举几种顶界面的构造方法。
5. 隔断的功能有哪些？

第7章
室内设计中的内含物

教学提示

在学习了室内界面装饰设计相关知识的基础上,应对室内空间中相应的内含物设计深入了解,进而才能切实满足人们在室内空间中不同的功能需求。本章主要以室内空间中个体物象为主题,从设计创意角度,结合现代室内空间中基本内含物的设计要点,以室内家具、陈设品及室内绿化与标识设计为主线,重点讲解以上各内部元素与整体室内空间的内在联系,使学生逐一掌握各内含物应用于不同室内环境的设置准则。

教学目标与要求

要求学生在学习过程中重点理解不同时代背景下室内环境的内含物所起到的功能作用,以及个体内含物之间的内在联系;可以利用相关实例引导学生从理性角度出发,准确把握各种家具与陈设品在不同室内空间中的装饰原则,同时结合室内绿化与标识的设计原理,进一步领悟现代室内空间内含物对整体空间功能性组织的主导作用。

要求识记:室内家具的常用尺度与分类以及置于相应室内空间中的作用、室内陈设品的设置原则、室内绿化与庭院的设计原理、室内标识设计原则。

领会:不同时代背景下室内家具的艺术风格、室内陈设对相应空间的设计意义、室内绿化的作用与类型、室内标识设计的种类与作用。

学习室内设计时,单纯理解其所涉及的外围空间元素是远远不够的,因为其内部元素与空间的相互作用不仅可以充分地满足人类使用乃至更高的精神追求,而且对于室内空间整体氛围的营造也是十分有益的。本章针对室内家具、陈设品、室内绿化及相关标识等主要物象进行逐一详解,只有充分了解此类内含物的功能与设置原则,才能为后续章节中同时创建出生态环保的室内环境设计方案奠定基础。

7.1 室内家具

广义的室内家具,是指人类在室内空间中维持正常生活、从事生产实践和开展社会活动必不可少的一类器具。而狭义的室内家具是指在室内生活、工作或社会实践中供人们坐、卧或支承与储存物品的一类器具与设备。可见,在室内环境中几乎人们从事任何事务,都离不开相应家具的依托,家具可以算是人与室内空间相互作用的衔接体,更是人类几千年历史文化的结晶。时至今日,经过人类不断地实践创造,室内家具已不在简单地停留在满足人们使用物质功能的基础上。经过反复地更新与演变,无论从材料、工艺还是造型、色彩上,形形色色、变化万千的室内家具早已普及成为一门大众艺术。室内家具既要保持满足某些特定的使用功能,还要迎合人们观赏的需求,使人在触及与使用的过程中激发某种审美情趣，甚至引发丰富的联想，从而满足人们物质与精神的双向需求。所以，无论是从家具在室内空间的体量比例上，还是对人类活动的重要意义上讲，它都对室内环境氛围的营造有着重要的影响。

7.1.1 家具的尺度与分类

1. 家具尺度与人体工程学

无论何种家具其最终的设计形态，都应建立在方便、适宜人们使用的基础上，其为人服务的设计宗旨始终不可动摇，所以家具设计的尺度一定要符合人体生理及心理尺度标准，以便达到安全使用的目的。人体与部分家具的尺度的对应关系如图7.1所列。

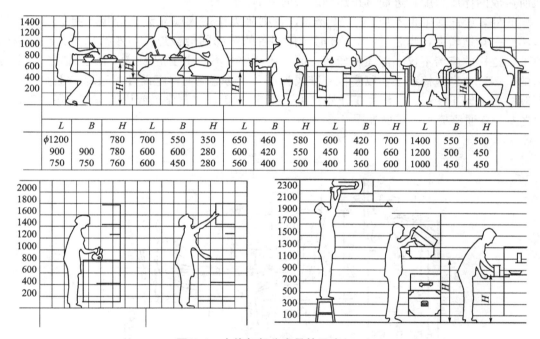

图 7.1 人体与部分家具的尺度(mm)

从某种意义上讲，室内家具应是设计师结合人体尺度及人体各部分器官从事日常活动的规律，运用精准的实验和计测手段而研制出的高科技产物。所以，人体工程学也应算是家具设计的科学依据。总之，合理的家具尺度对于人们的生活至关重要，不仅可以减轻疲劳度，提高工作效率，更重要的是能够合理地维护人体正常的活动姿态，从中养成良好的日常习惯；但倘若使用不当，相应地也会给使用者带来诸多的不便，甚至还会影响身心健康。

由此而来，人在室内空间中根据所从事的主要日常活动基本可以分为坐、立、卧这三种的不同姿态，相应室内的家具也依此划分为适用于以上三种不同的尺度的类型。

1) "坐姿"家具尺度

此类家具是在室内空间中分布最广的一类，结合人体不同的坐姿，相关的家具产品主要集中于桌、椅、沙发、茶几以及矮柜的尺度上。

无论在任何室内空间中，座椅仿佛始终都伴随人们左右。根据应用要求差别座椅可分为用餐或书写的座椅以及休息聊天的沙发等，但是它们的高度始终都应以人的坐位——坐骨骨关节点为基准点，进行测量与设计。根据中国成年人的标准身高，通常将普通座椅的高度定在 400～430mm 之间，其靠背角度保持在 90°～100°，座椅高度一旦小于 400mm 后，往往会由于坐姿过低致使膝盖拱起，而引起不舒适感并增加起立时的难度。但是，一些特殊环境的座椅（需要高度较高如酒吧中的吧凳）应考虑添加脚垫或脚靠，以免由于座面过高，体压分散至大腿致使其内侧过度受压，而造成下腿肿胀等血液循环障碍的现象。除此之外，作为休息椅的沙发或躺椅，它们的座面高度则应相对降低，一般以 350mm 为宜，同时靠背角度应随之扩充到 100°～110°，缓解人体由于直立坐姿对躯干直立肌与腹部直立肌所造成的体压力度，进而真正达到放松的目的。

此外，座面深度也不应小于 390mm，否则将无法使大腿充分地分担上身的重量。但也不能一味地增大，当超过 410mm 时，使用者的背部则会被迫使与座椅靠背分离或双腿离地，这样的座椅不仅不能缓解疲劳，而且还会导致不良坐姿的形成。为达到更为舒适的目的，多数休息座椅都会在以座位基准线为水平线的基础上将座面外侧边缘向上微调，一般躺椅可上倾 14°～23°、沙发工作座椅可上倾 6°～13°，书写座椅或用餐座椅也可上倾 3°～5°之多。普通座椅基本尺度如图 7.2 所示。

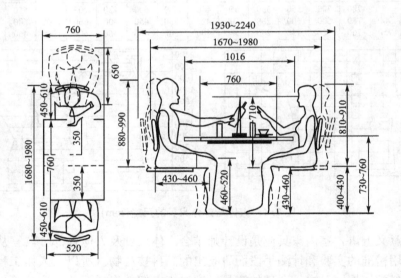

图 7.2　普通座椅基本尺度(mm)

座面的宽度会结合实际空间与应用对象略作调整。如一些沙发可根据实际安放的空间在标准尺度上微调，但即使是普通座椅从功能角度上讲，其面宽也不应小于 410mm，同时结合座面造型与靠背尺度，在必要时还应加设腰靠与头靠。多数情况下会将腰靠与头靠设置为曲面形，以更好地贴合人体背部及颈部的弧线轮廓。中国成年人就座时，一般腰部曲线中心在座面上方 230～250mm 处，所以腰靠结合自身尺度应略高于此。另外，靠背角度与垂直线夹角超出 30°时，条件允许要安置头靠，可使用分离式，以最大限度地方便使用。通过头靠的安置，不经意间便调整了靠背的后仰角度，同时使僵持的肌肉得到有效的缓解。

影响座椅舒适度的相关构建还有扶手。它不仅可以支持手臂，而且还是方便使用者起坐的支撑物，尤其对于老年人，该支撑点尤为重要。其具体形态应结合座椅或沙发的整体造型综合考虑，但尺寸不易夸张，同样以舒适坐姿标准为前提，略高出于座面尺度即可。倘若有扶手，且选用角几过渡空间的话，角几的高度应不超过600mm为宜，以方便枕手或取物之用。如图7.3所示为各类座椅基本尺度。

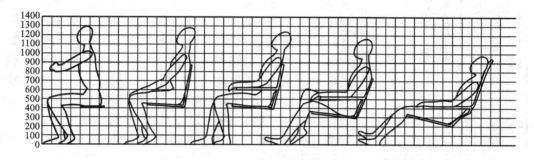

图7.3 各类座椅基本尺度(mm)

除了座椅等承重身体的家具以外，与"坐姿"关系最为紧密的便是形式各样的桌子，但无论是书桌还是餐桌，它们的高度基准点同样要以坐位基点为标准，进行推算。一般书桌高度都设置为740～760mm，餐桌则稍矮些即可。但其中重点是要注意桌下允许腿部歇息的"净空间"尺度，其高度一般保持在600mm为宜。同时，桌面宽度尺度在满足使用要求的前提下，不能有碍整体室内空间的合理规划。书桌高度尺寸如图7.4所示。

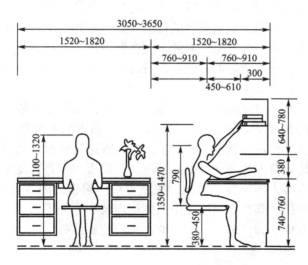

图7.4 书桌高度尺寸(mm)

除了桌椅以外，还有一些需要与人体"坐姿"保持协调的家具也同样值得注意，如高度适中的电视柜，其高度基准点要结合使用者就座后的视平线与相关电器设备的不同尺度综合考虑，进而得到符合标准健康的高度最佳视距。此项设计要点切勿忽视，否则即会形成仰视的后果。据人体工程学原理，仰视过久极易使人颈部疲劳，甚至还会面临损害颈椎健康的危机。

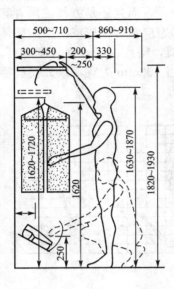

图 7.5 人体能够触及的最高尺度(mm)

2)"站姿"家具尺度

人体处于站立姿态的时候，能更多触及的家具便是高低错落的柜体。任何柜体多是人们用于储物、陈设的主要家具，只不过根据所储物品的差别可分为衣柜、书柜、橱柜等。如今市场上，多数的柜体的内部隔板具体结构可根据储物类型进行自行组合，但这一切必须建立在其整体外观尺度充分符合人体需求的基础上。其中，橱柜有高低之分，有地柜与吊柜之分。一般的高柜体的高度设置在1800~2200mm 之间，厚度在 400~600mm，但也有一些厨房用的吊柜会将柜体与顶棚高度保持一致，最高可达 2500mm，只是预留了 100mm 左右的距离作为封板，这样的柜体不仅扩充了零碎厨具的收藏空间，更重要的是可以使整体室内空间看起来更为规整。这却对处于高空中的柜体尺度要求格外严谨，因为一般的成年男性最高限度为 1930mm，而成年女性则要更低一些，仅为 1820mm，所以只有结合使用者的正常使用尺度，所设计出的柜体家具才能真正地发挥其内在应用价值(见图 7.5)。

3)"卧姿"家具尺度

一般来说，床具尺寸对人体的正确卧姿有直接影响。床沿高度以 420mm 为宜，可据使用者膝部作为衡量标准，在此基础上适度微调 100mm 都被誉为是有益健康的床具高度。床具倘若过高或过低都会给使用者带来不适，首先过高会直接导致上下床不便，但相反过矮，长期使用，使用者会极易受到地面潮气的侵袭，或是在睡眠时吸入地面灰尘，而增加肺部压力。但只顾及到床具的高度还是不够的，应在此基础上，结合该尺寸安放与之相应的床头柜，作为整体造型与使用功能的补充。二者的高度基本吻合，以方便使用者在就寝前取放必要物品，这一点对于老年人尤为重要。

另外，床具还可根据其平面尺度分为双人床与单人床。近些年，随着物质生活水平的提高，在住房条件允许的条件下，1800mm×2000mm 的超大双人床得到许多消费者的青睐，即使是单人床也在条件允许的情况下有所扩充。只有床具配合上软硬适中的床垫，才能从多重角度更为贴切地调节人体与床具的贴合度，进而有效地提高使用者的睡眠质量。

综上所述，家具尺度与人体工程学之间的关系可谓"亲密无间"，其中特别强调的人体工程学，实际上分别包括家具在使用过程中人体生理及心理的不同反应。由此可见，根据使用者的"坐姿"、"站姿"和"卧姿"的基准点来规范家具的尺度及个体之间的相互关系，正是家具设计的基本准则。

2. 室内家具的分类

室内家具的形式可谓琳琅满目，根据不同的划分形式可分为诸多类型，大体上是从其使用功能、使用材料、构造体系、组合方式这四方面加以分类。

1)按使用功能分类

该分类形式是按照家具与人体的相互关系及其各自的使用特点进行划分，基本分为以下几类：

（1）支承类家具。支承类家具是众多类型中最基本的家具类型，也是自古以来被人类最早开发利用的家具，包括能够支撑人全部身体的座椅、床榻等，如今还有沙发、休闲椅等。

（2）凭倚类家具。凭倚类家具是人们工作、生活中必不可少的家具类型，包括书桌、餐桌、电脑桌、操作台、几案等，其外部造型及大小尺寸多数要结合支承类家具配套设计。如书桌的高低要结合座椅的大小进行推算；某些与沙发组合的角几或茶几，不仅外观尺寸要与沙发配套，其整体的造型及设计风格也应与其统一组合。

（3）储存类家具。储存类家具是用于储存衣物、器皿、杂物、书籍等物品的箱柜、壁柜等。此类家具虽然在公共空间与居家空间都较为多见，但是对于零碎物品较多的居家环境来讲，意义就非同一般。如安放于卧室中的衣柜与收纳琐碎厨具的橱柜，都是突出的代表。通过此类家具的规整，可以将日常的生活环境变得井然有序，从而有效地提高生活质量。

（4）装饰类家具。装饰类家具是一类以美化环境、装饰空间为主要功能的家具，如博古架、隔断等。虽然此类家具多数也兼具一定的载物或储存功能，但这些并非是其存在的真谛。在某些特定环境下，往往正是这些陈设装饰品的开敞展柜或成架类家具，通过它们的装点，令整体空间顿时蓬荜生辉，堪称"点睛之笔"（见图7.6）。

2）按制作材料分类

该分类形式是将表面质感形式万千的室内家具按照其外观制作的主材进行分类，基本分为以下几类：

图 7.6　装饰类家具

（1）木制家具。木制家具是使用实木与各种木质符合材料（如细木工板、纤维板、胶合板以及刨花板等）作为主材制作而成的家具。此类家具的制作工艺悠久，可以算是家具中的主流，其质量较轻，但强度却很高，而且易于加工，具有造型丰富、色泽纹理纯真的特性；同时，由于其导热性小，具有一定的弹性与透气性，所以不仅手感极佳，更是藏衣纳物的良好选择。常用于制作家具的木料有红木、榉木、花梨木、紫檀木、杉木、花梨木、水曲柳等。

（2）竹藤家具。竹藤家具是以竹、藤为主材所制作的家具，它不仅兼具木质家具质量轻、强度高及自然纯朴的特性，而且超强的弹性与韧性更易编织出独具创意的造型（见图7.7），尤其在夏季较为湿潮的地区是最佳的选择。常用于制作家具的竹藤有毛竹、莉竹、紫竹黄枯柱及土藤、广藤等。

（3）金属家具。凡以金属管材、板材或棍材等作为主架构的家具和完全由金属材料制作的铁艺家具，统称为金属家具。金属家具所用的金属材料，多数是通过冲压、锻、铸、模压、弯曲、焊接等加工工艺，同时配合电镀、喷涂、敷塑等表面处理方式制作而成的。由于金属材质自身极富现代气息又耐腐耐磨，所以在公共公间中备受宠爱。但是金属家具也伴有导热较快的缺憾，因此在其与人体接触部位，如座椅面或桌面处，多会配有木、藤、皮革等材料，从而使设计更具人性化（见图7.8）。

图 7.7　竹藤家具　　　　　　　　图 7.8　金属家具

（4）塑料家具。如今的塑料家具是以 PVC 即聚氯乙烯为主材的家具，由于该材质本身的质量很轻、耐水、表面易清洁、色彩斑斓，且具有很强的可塑性，所以不论从其外形或价格上都极易被消费者接受。尤其自"十一五"以来，由于我国的塑料工业日渐拓展，相应的塑料家具也随之成为国内时尚家具新宠。圆滑的弧线、个性的直线条相得益彰，往往是这些设计感极强的塑料家具使整体的室内空间变得更加灵动轻盈（见图 7.9）。

（5）玻璃家具。玻璃家具多是采用高硬度的强化玻璃作为主材而制成的家具，此种玻璃坚固耐用，足以承受常规磕碰冲击的力度，与木制家具的载量不相上下。同时，透明清晰的反射效果可以很自然地将居室面积扩充，而减少空间的压迫感（见图 7.10）。因此，在如今的装饰行业中备受青睐，其外观种类也在不断地更新，常见的有清玻璃、喷砂玻璃、冰裂玻璃、热弯钢化玻璃、有色玻璃以及镶嵌纹理的玻璃等。

 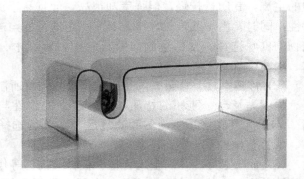

图 7.9　塑料家具　　　　　　　　图 7.10　玻璃家具

（6）软垫家具。软垫家具是由软体材料结合表层材料组合而成的家具。常见的内部软体多由弹簧、海绵、丝绵以及太空记忆棉作为填充，面层材料有皮革、布料、塑胶等。由于此类家具表面与人体接触时较为舒适，能够减免使用过程中由于身体压力过于集中而产生的酸痛之感，所以常被用于制作供人们休息使用的沙发、休闲椅或卧具（见图7.11）。软垫家具凭借其内在的柔软质感，可以轻松地调节人体坐卧姿态，从而使人们获得更好的休息质量。

3）按构造体系分类

该分类形式是按照家具内部结构进行分类，可分为以下几类：

（1）框式家具。所谓框式家具，自古以来都是指主要以榫卯结构为主要特点的家具。此类家具围合的板件附设于框架之上，一般都是一次性装配而成，不便拆装，同时也极不利于大规模的工业化生产。因此，近些年市场上常见的框式家具多是结合了金属管件作为辅助支持的骨架，常被用于陈设较轻的工艺品等。

（2）板式家具。板式家具实际上可以将其看做是框式家具的对应体，是使用不同规格的板材及胶黏剂或五金构件连接而成的家具，其板材以细木工板或人造板为主，其便捷的组合拼接过程可以及时地满足现代机械化大规模的基本要求，而且承载颇高。更重要的是，此类家具可分为不可拆和可拆装两种，可反复拆装的板式家具，不仅能够贴合使用者个性功能需求，如框架板可结合实际储物要求自行调整，而且十分便于运输搬运（见图7.12）。

图7.11 软垫家具　　　　　图7.12 板式家具

（3）折叠家具。折叠家具是现代家具的典型代表之一。其区别于其他类型家具的主要特点是使用轻便，占地面积可随时掌控，而且此类家具往往还具有一物多用的优势，在其展开与折叠的同时，可以从不同角度挖掘其内在的使用潜能（见图7.13）。

图7.13 折叠家具

(4)浇注家具。浇注家具是使用硬质塑料及发泡塑料,依靠模具浇注而成的家具。由于此类家具加工工艺成型自由,所以近几年其凭借时尚多变的外观造型及光鲜亮丽的表面色彩,得到许多青年人的关注(见图7.14)。

(5)充气家具。充气家具是使用聚氨基甲酸乙酯作为原料,将其内部充满气体,通过调节气阀,帮助使用者达到较为理想的使用姿态。这种家具除色彩艳丽、造型独特有趣外,还十分便于收藏携带。无论是外出露营,还是朋友聚会,充气家具都是良好的选择;另外,充气家具的表面材质柔软隔潮,在如今家具市场上十分走俏。但充气家具也存有一定的弊端,由于其材料所限,所以一般在正常使用的情况下其寿命为5~10年,而且要尽量避免尖锐物件的刺碰,以免刺伤表面致使漏气(见图7.15)。

图7.14 浇注家具

图7.15 充气家具

(6)根雕家具。根雕家具,又称"天然木根家具",源于我国传统的根雕艺术。它不仅具有一定的实用意义,而且更重要的是其超乎寻常的观赏与收藏价值。根雕家具源于自然,更高于自然,设计师将奇形怪状的树根和长满疙瘩的古藤、樱木等做必要的修整后,妙趣横生的根雕家具随即生成。此类家具贵在自然,妙在传神,它的每件作品都是天下独一的孤品,这也正是其在众多类型的家具中得以独领风骚的缘由。它也正是以此来迎合现代工业化大生产背景下人们崇尚自然、返璞归真的心理,从而尽显大自然鬼斧神工的魅力(见图7.16)。

4)按家具组成分类

该分类形式是将不同的家具根据安放的形式进行组合分类,基本可分为以下几类:

(1)单体家具。此类家具形式,往往个性鲜明,徘徊于具象与抽象之间,可以凸显设计师及使用者的性格特征,所以很难寻觅到与其外观形式极为统一的家具,但这也正是其"特立独行"的标志(见图7.17)。

(2)配套家具。配套家具是众多家具类型中最为常见的一种。配套家具无论在内部造型,还是用料选材以及外观颜色上,几种不同使用功能的家具都极为自然地合为一体。此种家具无论在居家环境还是公共空间中都很是常见,尤其在酒店客房中极为普遍,给人以整体和谐之美感(见图7.18)。

(3)组合家具。组合家具,往往都是由多个基本单元体组合而成,通过不同的拼凑方法,可以组合成多种形式,通过灵活多变的构成可以满足多种室内空间的需求(见图7.19)。

图 7.16　根雕家具

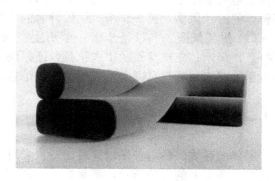

图 7.17　单体家具

图 7.18　配套家具

图 7.19　组合家具

7.1.2　家具在室内空间中的作用

实际上，任何家具都对所处空间存在两种功能作用，一个是其较为具象的实用功能作用，另一个则是更为抽象的精神功能作用。

1. 实用功能作用

实用功能作用主要有以下两种：

（1）组织空间。运用家具进行组织空间，是其最主要的功能之一，往往通过不同家具的组织划分，可以将整体空间区域划分清晰，个体空间更具对立性。如在多数大型商场中，柜台便是组织空间的最佳道具。

（2）分隔空间。在室内空间较为紧张的情况下，可以运用家具将该空间进行二次分隔，将同一空间功能划分更明确，以方便使用。如在客厅与门厅或餐厅之间，往往会使用透空装饰架或鞋柜作为玄关，同时分隔空间。

2. 精神功能作用

精神功能作用主要有以下两种：

（1）体现风格。由于家具在外观上占据室内空间总面积很大一部分，所以从视觉上便会自然地对整体空间产生一定的引导作用。无论从整体造型上，还是装饰细节处都可以体现整体的设计风格，进一步来表达设计者的个性与品位。

（2）烘托氛围。气氛是步入一个陌生空间给人的第一印象，而家具便是烘托氛围的"主角"，无论是庄重典雅的中式家具，还是绚丽奢华的欧式家具，在感染环境的同时，会使人深发联想，甚至可以激发人们的审美情趣，使其陶醉其中。

7.1.3 家具的发展与风格

家具的各式风格与各国国家的历史发展息息相关，每个时期的社会、文化、经济和科学技术等各方面的历史背景，都是造就不同家具风格的根本原因。

1. 中国传统家具

我国家具的发展历史悠久，可以追溯到新石器晚期的龙山文化时期，这可以算是我国家具发展的萌发期。后逐渐发展至商、周战国时期，根据象形文、甲骨文和商、周时期的铜器装饰纹样推测，当时正是我国低矮家具初具雏形之时（见图 7.20）。由于当时人们还保留着席地跪坐的传统习俗，所以当时的低矮家具也可印证历史。到春秋战国时，一代宗师鲁班对我国家具的发展起到至关重要的作用。此后便迎来了我国低矮家具的"春天"——汉代，坐榻、坐凳、漆案都是这一时期的典型代表，同时家具的形式与种类也逐渐增多，如在床前设有几案，床后设有屏风，而且装饰纹样已有了几何与植物花纹的变化。仅从敦煌壁画中便能得知，直至魏晋南北朝时期凳、椅、床、榻等家具的尺度才得到了适度地提升。到我国封建社会发展的顶峰时期——隋唐，由于统一中国后，南北地区的物产与文化逐渐交流，所以相应家具种类也相应得到了长足发展。人们逐渐由席地而坐过渡到垂足坐椅，扶手椅、靠背椅、方圆凳、长桌、凹形床、箱柜、腰鼓凳、三折屏风随即应运而生。这些家具的造型不仅已达到了简明、大方的境地，装饰工艺也有了显著地提升，如桌椅已可以做成圆形断面，而且线条也日趋圆润流畅，可见此时的家具已为日后家具类型的拓展奠定了坚实的根基。时至宋辽时期，高型家具完全定型，普及至千家万户，此时的起居方式可以算是已完全进入"垂足坐"时代的标志，同时在结构上更突出梁柱式的框架结构（见图 7.21）。

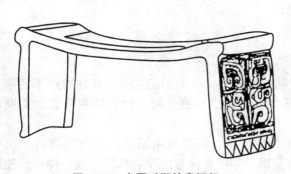

图 7.20 商周时期的青铜俎

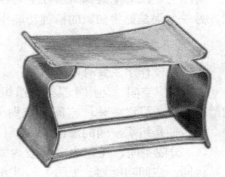

图 7.21 隋唐宋辽时期的银案

发展到明清时期，虽然已面临我国封建社会的解体，但中式古典家具却迎来了前所未有的巅峰，时至今日仍然为世人所推崇。当时的家具已不只是局限于满足人们生活起居的日常需求，人们已经意识到家具应是室内设计甚至整体建筑结构里至关重要的组成部分，所以就此构成了"套系家具"的概念。其中明式家具的造型更具有简洁素雅的风格，线条挺秀，不仅严守人体比例需求，而且充分展现了木材的自然之美（见图7.22）。相比而言，清式家具在明式家具构造的基础上加入了大量的装饰，如雕花及髹漆描金等，风格更加厚重华丽，相应整体的尺度也随之增长了许多（见图7.23）。

图7.22 明代南官帽椅

图7.23 清代扶手椅

2. 西方古典家具

西方古典家具同样也通过不同时期的历练，才换来今日的业绩。西方古典家具可追溯到公元前16世纪至公元前5世纪时期的古埃及、古希腊、古罗马家具，其种类可分为桌椅、折凳、榻、橱柜等。据史书记载，当时家具最具个性的特征，受当时的艺术氛围影响较为强烈，家具的腿部多会结合动物或建筑柱式的外形特色创意造型。兽足型的家具立腿配合上雕刻着精美人物或动物纹样的面板的家具，几乎比比皆是，敦实厚重却不失华丽之美。

公元前5世纪至14世纪时期，由当时的建筑风格而引申出来了拜占庭哥特式家具。当时的家具虽是继希腊罗马家具之后的延续产物，但与之相比在装饰外形上更多地融合了西亚与埃及的风格。多以雕刻和镶嵌为主，甚至也有通体施以潜雕的家具，同时雕刻的纹样甚至整体的外观造型多是借鉴当时的建筑风格。如奢华的哥特式家具尖拱花饰与浅浮雕，更加凸显整体的垂直线条（见图7.24）。

公元14世纪至16世纪的文艺复兴时期，正是欧洲封建社会向资本主义社会的过渡的历史变革期。随着文艺复兴运动的兴起，无论是建筑师、艺术家还是手工艺人，当时他们设计灵感都被早先的古埃及、古希腊、古罗马所吸引，所以

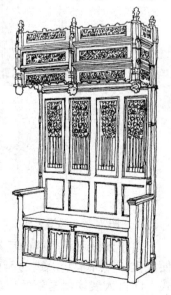
图7.24 哥特式教堂椅

那时的家具设计也不例外。常出现于家具外观上的狮身人面像、方尖塔、植物花果等装饰图案，便是其真实的写照（见图7.25）。

图7.25　文艺复兴时期的长桌

16世纪末，最先是由法国力图以倾向豪放的家具造型风格来突破文艺复兴鼎盛期古典式严肃的直线造型，这也是巴洛克式家具风格的萌发。实际上，只从字面便可得知该风格体系的设计理念，便是突出曲线。因为在葡萄牙文中巴洛克（Baroque）字面就代表光滑、圆润的意义。家具的整体造型流畅优美、曲直相间，最求豪华、宏伟、奔放与浪漫情感的艺术效果（见图7.26）。直到18世纪初期，迎来了"洛可可"风格时期。当时的家具风格完全颠覆了以往文艺复兴时的家具特征，更多的是极具奢华的式样。常以自然界动植物作为主要装饰语言，回旋曲折的弧线组建出优美的造型家具，轻巧的流线多配有镶嵌雕刻较为繁琐的镀金装饰。但也正是此类装饰最终将该风格的家具引入极端，过度地夸大或扭曲装饰元素，甚至在无形中却削弱了家具本身的应用功能（见图7.27）。

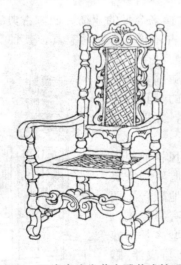 

图7.26　巴洛克式卷草木雕英式扶手椅　　　　图7.27　洛可可式扇贝卷叶雕饰椅

由于到洛可可风格的后期，家具过度的装饰已发展到完全丧失结构理性化的境地，这便促使了一种全新模式的诞生。酝酿已久的新古典主义风格家具以其瘦削直线的结构形式，向世人展现出全新的形象。此时的家具充分地考虑到人体的尺度，以满足使用者舒适度为最终目标。同时，也不失装饰细节的点缀，漩涡式曲线和少量的装饰线条是较为普遍的装饰手段，但主体风格还是定位在朴素对称的基础上。其中部分凹槽纹样、卷草饰、叶饰、马蹄脚等雕刻图案，为以后的"维多利亚"风格体系，搭建了最直接的灵感源泉。此外，迄今为止在中国，新古典主义家具也在诸多西方古典风格中得以脱颖而出，成为备受众人所喜爱的典型代表（见图7.28）。

3. 近现代家具

直到19世纪末20世纪初，家具设计同其他的一些设计行业一样，在"新艺术运动"的带动下迎来了全新的变革。随之诞生了许多为世人所惊叹的家具设计作品，其中闻名中外的"红蓝椅"（见图7.29）与"Z形椅"（见图7.30）都是著名设计师里特维尔德在那时的设计杰作，无论是直木条还是平板都充分显示了当时家具造型简洁、色彩鲜明，便于机械化大规模生产的时代特性。

图7.28 结合现代装饰元素的新古典主义家具

图7.29 红蓝椅

图7.30 Z形椅

图7.31 布鲁耶尔的瓦西里椅

与此同时，德国的"包豪斯"学派也就家具设计提出了许多全新的理念，艺术与技术全新的统一模式，将19世纪以前存在于艺术与工艺技术之间的屏障彻底地粉碎了。其中掀起的包豪斯运动，不仅在实践中结合机械生产技术生产了大量的近代家具，而且也培养了大批具有现代设计思想的著名设计师。如设计瓦西里椅（见图7.31）的布鲁耶尔，与设计巴塞罗那椅的密斯·凡德罗都是闻名于世的典型代表。

随后，由于第二次世界大战的爆发，德国的"包豪斯"学院被迫解体，同时促进了设计思潮向美国的迁徙，加上美国自身雄厚的经济实力，此时现代主义家具便跨入了高速发展的新风潮。美国的家具设计甚至对整个欧洲都产生了极为重大的影响，随之出现了北欧、意大利等多种流派的设计风格。即使由于地域的差距略有分歧，但其统一的设计理念都是建立在挖掘家具的实体使用功能性为主旨的前提下，同时注重整体结构形式的简洁，排除不必要的装饰。与此同时，由于各种造型简洁的家具接踵而至，相应的新型制作材料及加工工艺随之应运而生。不锈钢、玻璃钢、硬塑、尼龙、皮革、海绵、各式织物及胶合板等装饰材料结合，相应的冲压、浇注、热固、充气与烤漆等制作工艺已经逐步投入到工业化大生产的行列之中。20世纪60~70年代，家具的发展更是日新月异，在满足人体舒适度的前提下，家具给人们带来的精神需求也逐步受到了重视，五彩缤纷、形态万千的现代家具在向人们尽情展示自身魅力的同时，也为人们的生活带来了全新的艺术享受（见图7.32）。

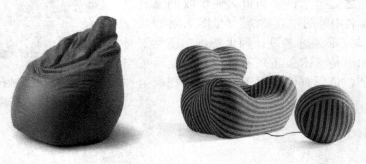

图7.32 现代家具

7.2 室内陈设

在室内空间中，室内陈设品是除家具之外最重要的主体内含物，是室内设计深化的发展，是室内软环境的再造，同时也是室内设计进入"重装饰轻装修"时期的直接产物。

7.2.1 室内陈设的作用、意义和类型

随着生活水平的提升，人们对室内设计进行了重新定义。室内陈设品不仅仅是一种简单的装饰品，人们所赋予其内在的意义与作用日渐深广，多数会在其装饰意义的基础上更富于功能作用，主要体现在以下两方面：

（1）室内陈设可以进一步突出设计主题，为强调风格、营造气氛奠定基础。对于任何空间而言，都应具有其特定的设计主题，设计的各要素都应围绕该主题进行拓展，室内陈设也不例外，尤其对于某些具有强烈象征意义的陈设品而言，它带给整体空间的意义更是非同凡响。不同的室内陈设品所蕴涵的历史背景及精神文化，都会给相应的室内空间增添不同的艺术渲染力，这是其他物质功能所无法替代的作用，对环境氛围塑造起着画龙点睛的作用。

（2）室内陈设还具有体现个人情趣，引领审美追求的作用。人们即使生存于同一个大环境体系下，其各自的审美情趣也不尽相同。自古以来，室内陈设品就是使用者抒发自身

情感色彩，体现个人审美情趣的最直接语言，如多数的值得收藏的古玩字画都是室内空间中典型的陈设品。可见，室内陈设品不仅是反映出使用者职业特征、个人品位修养的真实写照，更是突出个性、表现自我的极佳手段之一。

随着人们日常生活水平的逐渐改善，室内装饰陈设市场也越发火爆起来，其琳琅的装饰种类，不得不令人为之惊叹。客观地说，几乎所有能够满足人们观赏需求及美化室内空间的物品都可以将其归为室内装饰陈设品。所以，室内装饰陈设品可以大致可分为功能性陈设与装饰性陈设两大类。

1. 功能性陈设

此类陈设品主要以实用性为主，但也有一定的装饰意义，多数为人们在室内空间中的必需品，自身具有较强的实用功能。功能性陈设品主要有以下三类：

（1）装饰性灯具。灯具在室内空间中是必不可少的，不仅为室内空间起到照明的作用，而且对于整体空间氛围有烘托作用，可以令人们引发情感上的共鸣。如安置于宴会大堂中的大型水晶灯，就是令其增添辉煌气势的绝佳陈设品。如图 7.33 所示为两种室内装饰性灯具。

图 7.33　室内装饰性灯具

（2）织物。对于室内空间而言，如果说水泥钢筋的墙体结构是空间主体的硬性材料，那么极具柔性的织物陈设便是室内空间中必不可少的软性材料。它以其多样化的外观色彩及质感充斥在室内空间中的每个角落，起到一定装饰意义的同时，更具有吸声、遮光等功能，可以及时地满足人们在不同室内空间中听觉、视觉甚至触觉等方面的需求。常见的陈设品有地毯、挂毯、窗帘以及家具蒙面材料（如床上用品、桌布、椅垫、靠垫、沙发座套）等（见图 7.34）。

（3）工作生活用品。人们在日常的工作生活过程中，一些必备用品由于其特殊的美学特质，而对所处的环境具有装饰意味。如做工精湛、造型独特的常用容器［如茶具（见图 7.35）、餐具、咖啡壶］；或某些必备小型电器（加湿器、钟表）等；或置于书桌上的文房四宝。它们在满足人们对其各自实用功能的同时，可以恰到好处地为室内空间起到一定的装饰作用。

图 7.34　室内织物　　　　　图 7.35　室内工作生活用品

2. 装饰性陈设

相对于功能性陈设而言，此类陈设品虽然部分也具备一些实用性功能，但是这并不是其存在的主要价值。此类陈设品其自身具有浓厚的艺术气息及强烈的装饰效果，或是独有的纪念精神意义才是其内在价值的所在。装饰性陈设主要有以下三类：

(1) 艺术工艺品。艺术工艺品是室内空间中常用的装饰陈设品，它超强的艺术感染力与室内空间整体的内在风格之间存在不解之缘，可谓唇齿相依，这是其他陈设品所难以超越的。如悬挂于厅堂上的中国传统字画自然会给中式装饰风格的室内空间带来丝丝幽静的文雅书卷气息；同样，在典型的欧式古典风格的室内空间里镶有金饰画框的布上油画也是必不可少的陈设品。诸如此类的艺术工艺品还有很多，如摄影作品、装饰雕塑、装饰瓷器、琉璃艺术品以及有金属或树脂等材质制作而成的陈设品等，这些都是装饰室内空间理想的陈设品（见图 7.36）。

图 7.36　艺术工艺品

(2) 纪念收藏品。纪念收藏品从某种角度而言，其中许多的个体也属于艺术工艺品或工作生活用品的范畴，但是在此将其另设为一类，是由于这些陈设品多数对于收藏者而言，更具有特殊的含义，在众多的装饰物中更能凸显个人色彩，如图 7.37 所示。因为无论是一张荣誉证书，还是世代相传的稀世古玩，甚至一枚钱币、一张小小的邮票，每一份纪念品对于收藏者而言，其背后都藏有一段难忘的回忆，所以此类物品陈设意义并非完全体现在外在装饰上，而由其所带来的情感寄托才是真正的内在根源。

（3）观赏性生物。此类物品最为贴近自然，现在的装饰设计风格也在逐渐倡导追随自然的理念。任何室内空间中，都不应该缺少自然气息。常见的此类陈设品包括有盆景、绿植、观赏鱼缸（见图 7.38）等，这些都会为室内空间平添几许勃勃生机。

图 7.37　纪念收藏品

图 7.38　观赏性生物

7.2.2　室内陈设品的选择与布置原则

任何室内陈设品的选择与布置始终都不能脱离实体空间，只有谨守以下"四合"的原则，才能使其在室内空间中取得画龙点睛的视觉效果，否则即使昂贵的陈设品，也会对室内氛围造成破坏，甚至会造成视觉污染的后果。

（1）结合空间功能要求。室内陈设品作为空间中的附属元素应严格遵守该空间的功能要求。任何一件陈设品都不是孤立存在的，在布置时要考虑其自身使用功能，同时，也不能忽视个体装饰物与主体空间的内在联系。如造型设计上具有一定创新意义的垃圾箱作为室内陈设品，无论其造型多么新颖，对于多数公共空间而言，该物体的安放位置仍要有所限制，要以不破坏整体空间使用功能为前提。

（2）综合空间尺度比例。对于陈设品的尺度也要综合整体空间比例进行考虑，过大的陈设品会使空间显得过度狭小；相反，倘若过小也会给空间带来太空旷的视觉误差。陈设品的整体造型及尺度都应该根据整体空间的不可变因素再结合多数人体活动的最佳尺度要求进行设计，从而以达到多样统一的完美效果。

（3）贴合空间风格主题。室内陈设品其主要的存在意义是由于它的出现可以使整体空间的设计主题更加突出，它是强调空间设计风格、营造环境气氛的直接产物，所以在选择与布置室内陈设品时，对其自身的风格与整体空间的设计品位是否匹配更应给予关注。不同功能及设计风格的空间，只有与之相对应的陈设品，才能起到恰如其分的艺术烘托作用。

(4) 迎合空间色彩基调。实际上，对于任何一件室内陈设品而言，整体空间始终都是它的主宰者。除了尺度，在选材用色上更是如此，对比强烈的色彩搭配可以更加突出设计重点；相反色调统一的设计组合则会更易取得彼此呼应的协调效果。但这一切都要建立在迎合整体空间色彩感觉的基调上，通过冷暖的色彩变化，进而活跃整体室内空间气氛。

7.3 室内绿化与庭园

随着"城市化"发展的脚步日益增进，各式大中型的公共建筑及高层住宅虽然在不断地落成，但是人们周边环境中的绿化率也在随之下滑。人类是大自然万物中不可分割的个体，自古以来人类便与自然界共生，依附于大自然而存活，这是人之本性，无论在生理上还是心理上都不能与其脱离。近些年，多数的室内设计师已逐步认识到这一问题的重要意义，所以，如今的室内设计会在人们生活与工作环境确保安逸舒适条件下，都应尽其所能更多地满足人们贴近自然的意愿。大力推广阳台、屋顶、庭园等室内绿化，对提高整体绿化率或是改进人们居住条件，拉近人们与大自然的距离，都会起到十分积极的作用。

7.3.1 室内绿化的作用

1. 改善空间物理环境条件

众所周知，绿色植物经过光合作用可以吸收二氧化碳，同时释放出氧气，它可以有效地净化室内的空气质量。同时，许多绿植还具有显著的杀菌及吸附有害气体的作用，能够有效地减少空气中的污染成分。室内绿化具有很强的净化功能，对于室内空间温度与湿度的调节也同样效果显著。因为植物正是通过在空间中的呼吸，进而向空气释放出相应的水汽，才能维护整体的适度平衡状态。甚至，某些绿色植物还可消除人体视觉疲劳，具有提神醒脑、减缓压力的功效。可见，室内绿化对人类的居住环境是如此之重要。

2. 自由组织空间

在划分好一定的空间范围以后，还可以利用室内绿化设计进行二次划分。经过精巧构思后的绿化设计，借助一些聚焦或遮挡造景手段，可以更为自然地对人们观察视线进行再次引导，以减少一些空间结构不理想的缺憾；或是运用排列的绿化设计将空间进行局部分隔，这种做法较其他的分隔形式更加自然，使过渡空间内在联系更为紧密。但也有借助室内绿化突出空间的情况，如在一些室内入口处、电梯间口转折处等一系列室内交通的关键点、转折点，可以使用添加绿化的设计手段来强化该区域，使其具有一定装饰性的同时，更具视觉冲击力。但在设计时要结合植物种类，充分考虑主体空间的功能需求，一切设计都要建立在既不妨碍交通同时又不会损伤绿化植物的基础上。

3. 营造氛围与陶冶情趣

室内绿化设计多数是使用绿色植物为主体，这些绿色植物与花卉正是以其婀娜多姿的外形和姹紫嫣红的色彩与刻板冷漠的现代装饰材料形成强烈的视觉反差，犹如在僵硬中寻找生机，在粗犷中寻找柔美，这是其他任何室内装饰陈设品所无法替代的。无论何种绿色植物或花卉，由于它们独具生命力在调节空间艺术氛围的同时，必会给人们带来蓬勃向上、充满生机的活力，陶冶人们的情操，净化人们的心灵。如冰清玉洁的兰花，会使整体室内清香四溢，清爽宜人；苍松翠柏，给人以刚强坚毅之感。它们的美都是一种发自内在的自然美、朴实无华的美，与其说它为室内空间添加了一份造型美，倒不如将这种美归为一种生命之美。室内绿化体现着一定的文化内涵，更能够寄托着人们一定的情感意志，其内在的含义悠远深邃。

7.3.2 室内绿化的类型

室内绿化设计究其构成元素，并不是像其字面意义所单纯指的室内空间中具有一定观赏价值的绿色植物，其中部分水景、山石以及其他组件构成的环境小品都是室内绿化设计中不可缺少的组成部分。正是将以上多类元素组合搭配，同时结合室内环境与人们的生活要求，最终起到室内绿化对整体空间的装饰、美化意义。

1. 室内植物

室内植物是室内绿化的主体，在设计时不仅要考虑到装饰设计的美学效果，也应了解植物的种类及生长环境，只有尽可能地满足其正常的生长物质条件，才能在利于它们生长的同时，达到对该空间真正的设计目的。所以面对目前市场上琳琅满目的室内植物，作为室内设计人员必须要对其中一些主要的树种进行分类了解，从植物学角度划分，主要分为木本植物、草本植物、藤本植物以及肉质植物四类。

（1）木本植物。木本植物主要是指根和茎因增粗生长形成大量的木质部，细胞壁也多数木质化的坚固植物。由于此类植物的植物体木质部发达，所以其茎部较坚硬，且多年生。常见的室内木本植物有：原产于我国南方，寿命长达200年以上的苏铁；耐烟尘，抗二氧化硫及氟污染，能够有效吸附有害气体的棕榈（见图7.39）；丛生常绿，对光照及温度要求极为宽松的垂榕；叶质厚亮，花叶俱佳，有我国传统名花之美名的山茶花；以及常绿耐肥，干粗叶茂形似棕榈的蒲葵；等等。除此之外，还有印度橡胶树、广玉兰、栀子、冬青、大叶黄杨、三药槟榔、鹅掌木、金心香龙血树、海棠、桂花等。

（2）草本植物。草本植物主要是指有草质茎地植物，较木本植物，明显生长期较短，这是由于此类植物体的木质部相对不发达，茎处多汁，较柔软的缘由。常见的室内草本植物有：喜湿耐阴，卵圆形叶面的万年青（见图7.40）；多年生草本观叶植物文竹，喜温湿低温，采光条件极其艰苦的情况下也能存活的龟背竹；红色单花，叶丽花美的火鹤花；叶基生，宽线形，花茎细长，花白色，属常绿缩根草本的吊兰；秋种冬长春开花，花香怡人的水仙；等等。除此之外，还有非洲紫罗兰、金皇后、银皇帝、白花吊竹草、兰花等。

图 7.39 棕榈

图 7.40 万年青

(3) 藤本植物。藤本植物主要是指那些植物体细长,不能直立生长,常借助茎蔓、吸盘、吸附根、卷须、钩刺等攀附它物而缠绕或攀援向上生长的植物,否则将会匍匐于地面之上。常见的室内藤本植物有:喜阴,既耐湿又耐旱,长椭圆形叶面上伴有黄斑,属蔓性观叶植物的黄金葛;绿色珠形叶,茎蔓柔软适宜悬垂观赏的绿串珠;生长极快且分枝多,属常绿攀缘植物的薜荔;等等。除此之外,还有大叶蔓绿绒、常青藤、花叶蔓、长春藤等。如图 7.41 所示的就是一种藤本植物。

(4) 肉质植物。肉质植物主要是指肥厚的茎或叶的一部分组织或者整个植物体内都储有大量水分的植物。此类植物喜光耐旱,所以花种以来自干旱或含盐多的地方居多,由于此类花的叶片已退化为针状,不再进行光合作用,但是储水组织中仍含有充足的水分,因此称为肉质植物。常见的室内肉质植物有:斑纹美丽的彩云阁;品种繁多,造型奇特的仙人球或仙人掌,它们的茎节有圆柱形、鞭形、球形、扇形、长圆形、蟹叶形等,极易成活(见图 7.42)。

图 7.41 藤本植物

图 7.42 肉质植物

但也并非所有的绿植都适合在室内栽种,如秋水仙、珊瑚豆、变叶木、夹竹桃、闹羊花等,这些植物具有一定的毒性,故在选择时要小心谨慎。

2. 室内水景

水景对于室内绿化设计而言,同样也不能忽视,尤其对于一些大型的公共空间而言,水景往往是连接室内绿化与整体配景设计的纽带,它不仅可以调节室内空间湿度,而且能够使室内绿化设计在富有浓郁自然气息的同时更具活力动感。室内水景的种类主要有以下几种:

(1) 水池。水池是室内空间中最为常用的水体形态,它的形式、尺度与整体的空间形态协调统一,属于动态变化较小的水体景观,静水清澈见底,多栽有水生植物、布置山石或饲养金鱼,犹如明镜的水面给人以优雅宁静之感(见图 7.43)。

(2) 喷泉。喷泉是一种将水或其他液体经过一定压力通过喷头喷洒出来具有特定花形及高度的喷涌。起初喷泉多用于室外环境中,用以传递动感的自然情感。在如今的室内设计中,也常常利用各种造型的小型喷泉调节室内气氛。在配合一定音乐或灯光的作用下,水体也会随之形成优美动感的姿态(见图 7.44)。

图 7.43　水池　　　　　　　　　图 7.44　喷泉

(3) 叠水。叠水是使用可循环的内部装置,配合山石等辅助物使水体分层或呈台阶状连续流出,台阶或分层形式各具特色,相应的水景的叠水也是层叠各异、丰富多彩。与喷泉相比,叠水设计更富有意境,水流蜿蜒如同自然景致中的泉眼,所带来的自然情趣,发人深省(见图 7.45)。

图 7.45　叠水

图 7.46　瀑布

(4) 瀑布。从较高处向下飞泻流动的水体，往往此类动水奔腾而下，气势磅礴，与周围景致强烈的对比效果，感人至深。由于此类水体需要较大的空间范围，所以现代更多会采用一些抽象的处理手段，用现代材料和灯光着重表现水体的姿态与声响，同样也可以创造出自然真实的艺术氛围(见图 7.46)。

3. 室内山石

山石也是室内绿化主要造景元素之一，也可以说是对中国传统原理设计手法在如今室内设计中的延伸。自古以来人们对山石的欣赏就享有"瘦透漏皱"之说，且在室内绿色山石设计中仍然沿用。室内山石大致可分为四大类：

(1) 假山。假山，顾名思义是室内景观中人工叠石而成供观赏的小山。在室内堆叠假山时，一定要注意山体与整体空间的比例关系，室内空间必须高大，否则会造成空间体量缩小，甚至失去自然情趣。相反，通过巧妙的堆叠置于室内的假山作为艺术作品比真山更为精炼，可寓以人的思想感情，使之有"片山有致，寸石生情"的魅力(见图 7.47)。

图 7.47　假山

(2) 石洞。在室内空间中利用山石制景，还可将其堆造成石洞，以增强室内的自身情趣，但同样要注意比例得当。一般洞的大小要视其功能而定，观赏性的洞口一般隐于假山之中，为与山体协调多数会制作得小巧玲珑；而联系空间的功能性石洞，则要以满足人体穿越尺度为前提，所以会显得更大一些。

(3) 峰石。峰石，是指孤峰高耸的山石。一般大自然中此类山石，其外形轮廓多会神似某种物象或具有某种特殊含义，所以将其移至室内，即使是人工砌筑也应注意其外形的动感与平衡，与绿植和水景共同构成一曲室内绿化的交响乐章。

(4) 散石。散石即零散的石头，相对于以上的山石个体而言，则是在其中主要起到点缀的作用。散石置于水中或是立于角落里，其所构成的空间关系要确保聚散得体，错落有致。

4. 室内环境小品

近些年，随装饰市场的扩大，加工材料与设备也逐渐更新，即使是室内绿化设计也在结合山水绿植等必要装饰元素的基础上，得到了进一步的拓展。使用树脂、玻璃钢的新型材料加工而成的室内环境小品，其精巧的设计外观，看似是景观一隅，实际往往却是具有一定使用功能，如公告指示牌、果皮箱、桌椅、柱栏等，优美的造型与色彩与整体空间绿化景致相映成趣，同时在设计细节处更具有值得推敲的内涵之美，使人们在使用的过程中仿佛置身于自然的天堂一般(见图 7.48)。

图 7.48　室内环境小品

7.3.3　室内庭园的设计

从某种意义上，可以将室内庭园设计看做室内绿化设计的集中表现，是将室外景观设计与室内设计紧密联系的有机体。尤其对于生活在高层楼宇的都市人来讲，室内庭园应该是他们最易接近自然的方式，因为远山近水，尽收眼底的情景，无论何时似乎都是人们梦想的生活境界，即使人们距离这一切甚远，对大自然的渴望也是永不停息的。近年来，无论是住宅设计还是公共设计，设计师都会提倡在条件允许的情况下，利用一定的室内空间，即便是楼顶阳台，也会尽其所能地为业主开辟出一片室内庭园，从而在保障人们身心健康的同时，改善整体室内环境的质量。可见，室内庭园无论从它的实用价值还是经济价值上看，都是十分重要的，而且这已日渐成为现代文明的重要标志之一。

1. 室内庭园的分类

从较为独立的室内绿化发展为室内庭园，并非是通过简单的拼凑就能够完成的，这是室内绿化发展到一个新高度的体现。室内庭园按其大体规划可从以下三方面设计要点进行分类。

1) 按采光条件划分

(1) 自然采光。主要指可以通过顶部或侧面的玻璃窗口进行自然采光的庭园，此类庭园的布局首要注意该房型的朝向，以推算出室内庭园区域相应的光照时间与室内外温差，综合各方面因素，从而选择适宜的绿色植物及水景。

(2) 人工采光。通过人工采光的室内庭园，同样要考虑整体的光照效果及温湿度。不宜选择喜阳的植物，而更适宜结合五彩斑斓的光照制作与整体室内设计风格相匹配的山石水景，如喷泉等，既弥补了缺少光照的遗憾，又为水景增添了情趣。

2) 按造景形式划分

(1) 主景中心式。主景中心式庭园是指以所设计的庭园景区作为该室内空间的主体核心的庭园，此类中心式庭园多会综合使用数种造景手段，以绿色植物或水体为主，山石为辅。多被安置于公共共享空间的大堂入口处，用较大体积的庭园以凸显整体室内空间的宏伟气势。

(2) 配景围绕式。配景围绕式庭园多是指利用室内绿化小品对较大的室内空间进行二次划分的造景形式，它的布局常结合室内家具布局、活动路线进行设计。因此这类庭园多数体量不大，但通过巧妙的设计规划与空间中的实体使用功能连接紧密，绿色植物小景在整体的室内空间中景断意连，别有一番情趣。

3) 按置地类型划分

(1) 落地式。所谓落地式庭园，是指庭园位于底层，此种造景形式最接近于自然，在高度允许的条件下，便于栽种大型的乔木与灌木，易于组织排水系统。

(2) 屋顶式。屋顶式庭园是指搭建在屋顶或露天上的"空中花园"，这是近几年逐渐引起都市人群关注的亮点。屋顶式庭园的布局首先要考虑承重要求，多数覆盖绿色植被，并配有给排水设施，使之具备隔热保温、净化空气、阻噪吸尘的功能。同时，这也是给人们提供一个释放工作压力，修身养性的绿色空间，可以有效地提高生活工作品质（见图 7.49）。

图 7.49　屋顶式庭园

2. 室内庭园的艺术构成原则

(1) 恪守造型美感。对任何一项设计的外观而言，设计造型除具有一定的创新性外，还应始终追求形式美感的塑造，当然对于室内庭园设计也不例外。其中的色彩、材料及整理的造型比例，都应兼顾明暗相间、主次分明、层次丰富、虚实有致、冷暖搭配的设计原则，进而才能创造出独具艺术美感的室内庭园。

(2) 追求自然脱俗。室内庭园设计区别于其他设计的最大亮点，是其独具的自然之美。在设计时，要善于利用和挖掘植物、水景、山石的自然本色，同时结合空间实体的不可变因素，将室内庭园返璞归真、情系自然的艺术风格充分地体现出来，达到回归自然的艺术境地。

(3) 遵循季节变化。由于多数的室内庭园都会或多或少地使用纯天然的造景元素，如各式绿色植物、水景甚至一些动物，在初始设计时一定不能忽视季节变化对于庭园的影响，尤其对于一些四季分明的地区而言尤为重要。室外的自然绿化景致会随季节、时间的推移而产生变化，这就要求室内空间庭园要与室外景观在具有一定联系的同时仍要保持必须的距离，以避免设计陷入重复化的僵局。其中，最为有效的处理方法便是将庭园景致巧妙地与室内光源相结合，从而营造出一种更具情趣的季相表现氛围。

（4）蕴涵文化内涵。自古以来，中国园林的造园手段始终深受历代诗词歌赋的影响，所以如今的室内庭园设计也应继续将其发扬光大。古代文人崇尚含蓄蕴藉的表达方式，所以置景造园时也多是如此，往往会借用文学创作中的比兴手法，来追求景致细节处的情景交融，激发人无尽的遐想。如对绿色植物的选用或是山石外形的雕琢，往往不单纯是为表现其外在的造型美感，而其内在所散发出的文化底蕴才是整体室内庭园设计所真正抒发的内涵。

7.4 室内标识

室内标识是指用于室内环境中的指示系统，它既是室内环境中标明方位及区域的必要符号，又是点缀整体气氛特征的积极要素。前者是从设计实用功能角度出发，主要关注蕴含一定含义的图形标识其内在的识别作用；而后者则是着眼于标识自身的外观表现，但其材质、色彩以及艺术品位都应是整体室内空间中统一协调的个体因素，在凸显个性的同时仍要融于整体环境氛围。可见，室内标识是室内设计与视觉传达两个艺术领域的直接产物，二者相互依托，其中既有交叉，又不乏相对独立。

7.4.1 室内标识的作用与特征

随着如今设计人性化的理念逐渐"升温"，室内标识设计在一些人流量较为集中的公共空间中已成为不可缺少的系统设施。如此看来，其潜在的作用与特征也是多种多样的。

1. 室内标识的主要作用

（1）引导管理。室内标识是人们传递信息的"纽带"，它可以通过简洁的图形或文字指引人们在陌生环境下安全有效地通往目的地。室内标志在提高人们办事效率的同时，更有助于良好秩序的形成，以避免人流盲动的后患。无论对空间内部人流组织，还是不同部门的行政管理，标识在室内空间中所起到的广而告之的引导管理作用是十分必要的。

（2）美化环境。随着人们物质生活水平的提升，审美意识也日渐加强，日常生活中的任何功能设施都在其自身基础上被挖掘出更多的艺术美感，当然室内标识也不例外。成功的室内标识应该不仅能够起到引导管理的功能作用，而且还是室内环境中不可或缺的美化因素。其外观造型、图案色彩及灯光设备，应该都是给人以过目不忘的装饰美感，通过巧妙地结合组建，进而起到美化整体环境的艺术作用。运用室内标识的跳跃色彩、造型甚至光照，可以极为巧妙地打破略带单调呆板的现代装饰线条，在营造协调艺术氛围的同时，拉近人与环境的空间距离，这也是近年来人性化无障碍设计理念的突出体现。

2. 室内标识的必备特征

（1）简明可视化。任何的标识其所示信息首先要内容简明扼要，使人一目了然，清晰易懂。其次，便是标识图形会在尺度适宜的基础上，与整体空间背景形成视觉颜色反差。尤其对于一些人流量较大的国际化公共空间，如奥运会场等，即使在语言不通的情况下，色彩鲜明的图像标识也能够及时地给予人们明确的方向性指引（见图7.50）。

图 7.50　简明的室内标识

（2）标准国际化。对于一些标准化的室内标识，不能随意更改，如防火通道、危险警示等标识。同时，如今的室内标识还会在标有本土语言的基础上，兼具标准化的国际语言——英语，作为统一标准（见图 7.51）。

图 7.51　标准的室内标识

（3）连续规律化。对于一些大规模的综合室内空间，其标识还应具备连续规律化的特征。同类型室内空间的标识应具备颜色、字体、位置及表现形式统一的规律化的特征，而不同类型的场所，还应根据空间结构的划分，由小至大、由表及里、由近及远地作以连续性指引标识，从而以符合多数人在陌生环境中蔓引株求的心态。

7.4.2　室内标识的种类与设计

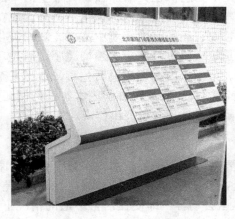

图 7.52　总体图示性标识

不同的室内空间其使用功能各不相同，根据其内在的设计差别可知，空间所安置的室内标识种类是千差万别，大体上可分为以下四大类：

1. 总体图示性标识

在多数大型综合性室内空间中，为了能让人们在短时间内对整体空间有初步了解，并从中自行选出最为科学的行程路线，往往会在空间主入口处以平面地图的形式，设置此类总体图示性标识。此类标识多数虽较为概括，但整体方位性准确，与总体室内空间的结构关系连接紧密（见图 7.52）。

2. 识别指示性标识

此类标识由于独具具体指示性特征，所以多数被安置于人们行进路线的重点位置，以导向符号、文字等多种形式并存，引导路人识别不同的场所，以便及时掌握路线抵达目的地（见图7.53）。

3. 人文规则性标识

根据不同场所的规则要求，往往会标有如禁止吸烟、关闭通信设备等一系列人文规则性标识（见图7.54）。此类标识多数作为恪守人为行动的规范，更是一座城市乃至国家和谐文明标准的体现。

图7.53　识别指示性标识

图7.54　人文规则性标识

4. 主题装饰性标识

对于会议、展览或企业入口处都会标有象征主题意义的装饰性标识，此类标识的主要实用功能集中在体现专用主旨的意味，同时更是整体室内空间形象设计的主题线索（见图7.55）。

图7.55　主题装饰性标识

无论标识种类丰富，色彩材质、造型外观千面万化，任何室内标识都应建立在服务于整体室内空间设计的平台之上，与整体建筑大空间形成协调统一。

7.4.3 室内标识设计原则与方法

由于不同室内空间中的标识设计不尽相同,所以在具体设计时要结合实际空间中的客观条件,从个体标识的位置、造型、颜色,以及材质方面着手,遵循个体服从于整体的设计准则。

1. 位置关系

由于室内标识的主要功能是给人以警示指导,所以任何室内标识都应被安置于人流量较为集中的场所,如出入口处、休憩场所、转弯处等。个体标识要从人体工程学角度出发,结合实际的使用功能进行位置定位。在满足人们使用需求的同时,还要充分考虑标识与整体空间的内在联系,不能干扰整体内部结构。总之,在对整体空间不造成的破坏前提下,要尽可能地吸引路人更多的注意。

2. 外观造型

通常室内标识的外观造型都较为简洁、清晰易懂,尤其一些深入人心的几何图形所代表的特定含义,是在任何情况下都不可动摇的。如代表警示意义的叹号或代表不能通行的叉号等,这些也是印证标识外观必须要确保简洁易懂特性的有利证明。

图 7.56 光照幻灯标识

3. 颜色搭配

室内标识的色彩也同其外观特征一样,一些约定俗成的标识色彩也是不可违反的,如红色代表禁止警告,而绿色则代表畅通无阻。除此之外,在设计时还应结合实际的客观背景,在不可变因素确定的条件下,尽量与其达成一定的对比效果。可从明度或冷暖色相不同的角度加以区分,以使其在不造成整体环境色彩过于纷乱的前提下,达到形式色彩对比突出的视觉效果,进而引起人们的关注。

4. 材质灯光

随着装饰材料市场的不断扩大,用于室内标识设计的材料及灯光也在不断提升,常见的有玻璃、木材、金属和化学材料,如亚克力等,与其相应的制做方法也从先前的丝网印刷、雕刻、描绘工艺等逐渐拓展到如今大规模生产的喷绘技术。但其中也不乏一些先进的特殊工艺,如通过霓虹灯光照射,以形成更为夺目的视觉效果,有的甚至可以将灯光与标识外观结合利用光照幻灯影像学原理,最终展现出更为新奇的艺术特效(见图 7.56)。

本 章 小 结

本章通过对现代室内空间中家具、陈设品、庭园绿化以及相关标识进行系统的讲解,总结出各具体内含物与整体空间的内在联系，其中任何个体因素都是建立在整体大环境下的分支。在熟知各物象对整体空间关系作用的前提下，应准确地把握室内空间相关内含物的设计原则，进一步为设计出真正高水准的人性空间环境奠定基础。

思 考 题

1. 简述不同风格的家具与相应室内环境的内在联系。
2. 简述室内陈设品在不同主题空间中的作用意义。
3. 简述现如今室内绿化庭园设计的主要表现形式。
4. 简述标识系统如何在室内空间中真正发挥良性指导作用。

第8章
室内生态环境设计

教学提示

全球性的资源能源危机和生态环境恶化,已威胁到人类的生存和发展,人类不得不反思自身的发展模式,探索科学的发展观。人们开始重新审视人与自然的关系和自身的生存方式。人们逐渐意识到,人不应该凌驾于自然之上,人类不能再以"人定胜天"的思想对自然进行无休止的征服和索取。于是,人们提出了"可持续发展原则"的概念,希望在满足当代人需要的同时,还应考虑后代人生存所需的环境。基于这种理念,本章着重介绍室内生态环境的含义、核心内容及发展前景。

教学目标与要求

学生应了解室内生态环境设计的原则、生态设计的理论及其应用;学会分析室内生态环境的一些问题,提出相应的解决方法,并树立可持续发展观和科学发展观。

要求识记:室内生态环境的含义、核心内容及生态设计应遵循的基本原则和设计理念。

领会:室内生态环境的发展前景。

21世纪初建筑行业最重要的新闻不是推出CAD设计软件或者出现某种最新的设计思潮,而是生态设计与生态建筑正在逐步成为建筑、景观、规划、室内等相关领域遵循的设计原则。尽管在以前,许多设计师就开始使用替代性材料、节能系统,并运用太阳能,但人们并没有看到生态设计的一个完整范本。

近些年来,生态设计得到了快速的发展,设计竞赛、设计招标及研究领域越来越强调生态理念。

8.1 室内生态环境设计概述

在人类社会迈向21世纪的今天,人与环境的关系问题已越来越受到人们的重视。同样,从人与环境关系的高度来认识环境的发展与创造,也是近年来环境艺术学认识上的一大进步。由于社会的政治、经济、文化、科学技术以及信息交流有了飞速的发展,人类生存和行为在范围上已经扩大,内容上也大大丰富与加深,环境问题已不仅是满足人们最基本的生存要求,而且是要解决人类生存与行为的全面要求与提高生活的质量,充分地满足人们置身环境中的生理与心理需要。因此,人们对自身环境生存与行为质量认识的程度,以及环境的美化、科学化、合理化和完善化的程度越来越受到人们的重视。

室内设计中的生态问题是生态建筑研究中极为重要的内容。20世纪90年代以来,随着国家经济生活的发展,室内装饰设计已深入到各种类型的建筑中,室内设计所使用的材质也已涉及钢铁、有色金属、化工、纺织、木材、陶瓷、塑料、玻璃等多种行业。事实上，室内设计的施工和使用中引发出的种种环境和社会问题，如不及时解决、引导，将有可能发展成破坏生态和环境的"病疾"，增大环境治理的难度。

8.1.1 室内生态环境设计的含义

室内生态环境设计应如何定义？室内生态环境是一个空间实体，是城市生态环境的重要组成部分，也是重要的人居环境。联合国科教文组织开展的"人和生物圈规划"的研究中，虽然没有专门讨论室内污染问题，但是它从生态学角度探讨室内设计，促使人们从生态学和生态系统的角度重新认识室内的环境。随着室内环境问题的产生和发展，人们自然要求把室内生态环境作为一个生态系统来考虑，从而构成了重要的人与室内环境的生态关系。

所谓室内的生态设计，是指运用生态学原理和遵循生态平衡及可持续发展的原则来设计、组织室内空间中的各种物质因素，营造无污染、生态平稳的室内环境的设计。由这种设计方法实现的绿色生态室内空间是当今室内设计界关注的热点问题，是现代建筑可持续发展的重要环节之一。

8.1.2 我国室内生态环境的现状

现在建筑主体以混凝土和黏土砖为主，室内的装饰以陶瓷、涂料、壁纸、木质复合板材等为主，且为节约土地，楼层越来越高，这样出现的问题是：使用时，如果解决了保温问题，使用者的生活或工作物料的运输会增加能源的消耗；装饰材料过于讲究表观效果，化工原料应用较多出现室内污染，且室内装饰材料的呼吸性能差，污染物不易被吸附不利于空气质量的改善；材料（混凝土、黏土砖的制备）的取得破坏了自然环境，矿物资源不可再生；废弃后处置或不能重复使用对环境又会造成负荷。所有这些问题体现出了现代建筑、人类追求高品质生活质量与可持续发展的矛盾。

作为一个室内设计师，必须对所从事的工作进行认真的思考，使人类的设计不仅能促进自身的发展，而且能推动自然环境的改善和提高，使经济效益、社会效益和环境效益达到高度的统一。

从目前国内的总体状况看，所反映出的问题可以归纳为以下几个方面：

（1）普遍存在追求"豪华"、"新颖"、"时髦"、"气派"的倾向，在某些室内设计中过分使用不锈钢、铝板、铜条、塑料、玻璃、锦缎、木材、磨光石材、大理石板等材料（见图8.1）。不仅在大型公共建筑室内装饰中大量使用，而且在某些所谓的豪宅中也用大理石板装修墙壁，用不锈钢包装柱子。大量耗用不可再生的珍贵装修材料，对建筑业的可持续发展是极为不利的。

（2）近年来，新办公楼和学校室内的空气污染案例得到人们的广泛关注。当人们搬进新的环境后，使用者出现恶心、头晕、无精打采、眼皮

图 8.1 奢华的室内设计

肿胀、嗅觉迟钝、咳嗽等一系列病症,这种现象,被称为"病态建筑综合症",这通常可归结于两个方面的原因:一方面是大量使用挥发性人工合成材料,其中相当一部分化学材料,含有对人体有害的物质,这些物质在使用中还会长时间散发出来,不仅有刺激性气味污染室内空气,而且影响人的健康;另一方面是为保存室内能量而减少的空气流通造成的室内空气污染。

室内空气污染源主要有以下几类:

① 甲醛。甲醛被人们认为是令人烦恼的室内污染源,它对于绝大多数生命来讲都是有剧毒的。甲醛的危害潜伏在大多数家庭中,主要来源于中密度纤维板或是合成树脂产品,尿素-甲醛泡沫塑料绝缘材料以及很多同类家具(实木及软木),它们都包含尿素-甲醛(见图8.2)。持续或者过量的接触甲醛的结果是包括眼球黏膜与鼻黏膜感染、上呼吸道黏膜的疼痛、皮肤刺痛及皮疹、慢性头疼;失眠、易怒、偏执、消沉、丧失方向感、情绪化;胸闷及心脏问题;呼吸问题;也可能诱发癌症及其他慢性或长期的病症等。

② 燃烧产物。普通燃料燃烧后的产物通常包括一氧化碳、二氧化碳、一氧化氮、二氧化氮及碳氢化合物。通常在住宅中,最大的威胁物是煤气。许多研究人员都认为,一个健康的住宅甚至不应当有煤气管道连接。室内的燃烧产物主要来源是香烟,燃烧木头或煤的火炉、壁炉,燃气灶,热水器,衣物干燥剂,燃烧木炭、煤气、煤油、石油或是木材的加热炉或加热器等。明火的燃烧产物会通过生锈的烟道、损坏的排烟管或松动的焊接处进入室内空气中。对很多人来说,头疼、头晕以及疲倦都可能是在一个普通煤气炉边呆了8h的结果。更高浓度的一氧化碳可以导致恶心、抽搐、精神混乱、心血管功能下降甚至死亡。

③ 氡气。在现代社会里,这是一种只能部分批评而不能全盘否定的室内污染物。它无色无味,是一种产生于岩石和土壤中铀衰变的气体。氡气从放射性的产物中渗透出来,又继续衰变,它可以停留在人体的肺部组织中。专家认为暴露在低浓度的氡气中,人不会有太大危险,但他们相信氡气与其他室内污染物(尤其是香烟燃烧的气体)的混合效应可能极大地增加危险系数,最终导致人体的肺部癌变。

④ 石棉。石棉被称为"危害最大的室内污染物之一"(见图8.3)。作为一种良好的纤维性材料,石棉被广泛地应用于墙面、顶棚及很多现代建筑的各个部位。石棉通常被用于室内防火、装饰及作为热、电、声的绝缘材料。当石棉停留在建筑的相关部位时,对人体是无害的。而当纤维素释放到空气或水中,然后通过人体的呼吸和进食最终停留在胃及肠胃管道中时,危害就随之产生了。石棉可能会导致胸内腔或腹腔的恶性肿瘤,并增加肠胃管道及咽喉癌症的可能性。

图8.2 细木工板

图8.3 石棉

⑤ 铅。在室内，铅的主要来源是含铅的涂料。由于目前铅已被禁止用作涂料成分，因此室内铅污染主要存在于旧建筑中。当涂层出现裂缝或脱落时，铅污染的危险就增大，特别是那些会被小孩子无意识舔到的地方。铅还会通过老的铅管或者新的在结合处用铅焊接的铜管进入饮用水中。长期处在低铅环境会导致永久性神经心理缺陷及行为紊乱。

（3）由于室内装饰的"时效性"，故室内装饰处在不断地更新过程中。被拆除的建筑装饰材料，由于不能再生循环利用而被丢弃成为建筑垃圾，成为环境的污染源。

可再生资源建材是指植物原料建材。按照生态环境建材的定义，以植物秸秆和木材为主要原材料生产的建筑材料应该是生态环境建材。其最大的特点是原材料可以再生、废弃无害。植物秸秆为原料的建材在美国、法国、日本等发达国家已应用20多年，而我国在这方面的应用起步较晚，规模只有几十家，目前主要的产品有各种轻质墙板、保温板、装饰板、门窗等。

此外，目前高分子树脂材料成为化学建材（如乳胶涂料、塑料建筑材料等）、保温材料（EPS、XPS等）、结构材料及辅助建材的主要成分或功能添加剂。高分子树脂的主要原料来源于石油与煤炭，其资源不可再生。德国已经研究出利用植物纤维生产的用于涂料的树脂材料，且用于制备高档乳胶涂料。这个信息显示：依赖于石油的某些树脂材料会转向利用植物。当然其中还涉及很多具体科技问题，今后这方面的投入和研究也会逐步加大。

人居室内环境的生态化，不仅不应给人类舒适健康的室内环境带来负面影响，而且应该提高其舒适与健康程度。室内生态环境的发展趋势主要体现在向多元化发展。一方面，选择符合室内环境的健康标准的施工工艺，多采用成品组装工艺，以此来减少不必要的中间环节和制作过程中带来的人工垃圾；另一方面，在内装饰的运用上，突破以乳胶涂料、壁纸等为主体的装饰现状，运用多种手段进行装饰和烘托室内环境氛围，如增加植物、灯光以及各种自然现有材料。将艺术、人文、自然进行有机整合，创造出舒适、美观、合乎人性原则的室内环境。

（4）室内设计除装饰材料的应用外，还应重视室内设计的技术内涵。如室内设计中自然光的运用，设计与自然通风的结合，绿色景观在室内设计中的创造等。现代室内设计是现代主义建筑的重要组成内容。现代室内设计广泛地运用各种建筑材料、各种设计手法，在创造悦目、舒适的室内人工环境方面作出了很大贡献，在人类建筑史上是一次巨大的进步。但是这一进步是以地球资源与能源的高消耗为代价的。在20世纪现代室内设计充分发展的同时，它对地球生态环境的破坏也与日俱增。当人们对室内生态环境设计有所了解后，设计师应该在设计实践中对上述这些现象给予充分的考虑并积极加以改进或避免。

8.2 室内生态环境设计的核心、内容与理念

8.2.1 室内生态环境设计的核心

室内生态环境设计的核心是合理使用自然资源，减少能耗和环境污染，将室内环境设计纳入一个与环境相通的循环体系中，创造一种符合生态标准的环境设计。在室内设计与空间消费中能够同时实现其宜人价值、生态价值与经济价值。室内生态环境设计主要包括

灵活高效、健康舒适、节约能源、保护环境四个主要内容，环境要素成为室内生态的核心问题。

室内生态设计涉及建筑、结构、设备、自控、工艺美术、园林绿化等诸多专业的内容，它需要人们不断更新知识，熟悉和驾驭新技术。室内生态设计是一个新课题，它的领域、技术体系和美学思想等都需要研究探讨。室内生态设计的主导思想体现在以下三点：

1. 提倡适度消费

在商品经济中，通过室内装饰而创造的人工环境是一种消费，而且是人类居住消费中的重要内容。尽管室内生态设计把"创造舒适优美的人居环境"作为目标，但与以往不同的是，室内生态设计倡导适度消费思想，倡导节约型的生活方式，不赞成室内装饰中的豪华和奢侈铺张。室内生态设计把生产和消费维持在资源和环境的承受能力范围之内，保证发展的持续性，充分地体现了一种崭新的生态文化观、价值观。

2. 注重生态美学

生态美学是美学的一个新发展，在传统审美内容中增加了生态因素。生态美学是一种和谐有机的美。在室内环境创造中，它强调自然美，欣赏质朴、简洁而不刻意雕凿；它同时强调人类在遵循生态规律和美的法则前提下，运用科技手段加工改造自然，创造人工生态美，欣赏人工创造出的室内绿色景观与自然的融合，所带给人们的不是一时的视觉震惊而是持久的精神愉悦。因此，生态美也是一种更高层次的审美追求。

3. 倡导节约和循环利用

室内生态设计强调在室内环境的建造过程中，如使用和更新过程中，对常规能源与不可再生资源的节约和回收利用，对可再生资源也要尽量低消耗使用。在室内生态设计中实行资源的循环利用，是现代建筑能得以持续发展的基本手段，也是室内生态设计的基本特征。

作为一个正在研究探索的新课题，室内设计应重视把生态思想引入室内，以扩展室内设计的含义，这样也会推动建筑业对全球资源的使用从消费性向集约型、使用型的转化。从技术角度看，生态环保技术和工艺的发展，为实现室内生态环境的可持续发展提供了越来越多的技术手段。

8.2.2 室内生态环境设计的内容

一般来讲，生态是指人与自然的关系，那么生态设计就应该处理好大环境（自然环境）。具体来讲，生态设计就是对自然资源少废多用，在能源和材料的使用上贯彻节约能源、减少使用、重复使用、循环使用、用可再生资源代替不可再生资源等原则；减少各种废弃物的排放、妥善处理有害废弃物（包括固体垃圾、污水、有害气体等）、减少光污染和噪声污染等。具体包括以下几方面内容：

1. 使用洁净能源技术

洁净能源技术既能满足能源使用的可持续性，又不会对环境产生危害。目前，使用最广泛、最有前景的洁净能源技术是太阳能利用技术和阳光温室技术。太阳能是一种清洁的、可再生的能源。开发和利用的太阳能资源主要有太阳灶、太阳能热水器、太阳房等。太阳能不但可以给室内增加洁净和舒适的环境氛围，而且不会对室内环境产生危害，从而间接地实现节能和营造室内环境两者之间的良性互动关系。但太阳能热水技术，会使室内空间呈现一定的特点，这也对室内空间的设计提出了一些新的要求。

2. 空间布局合理

室内空间的组织布局要最大限度地满足通风与自然采光的要求，创造出适合人居住的物理环境。室内设计应该是功能、形式与技术的总体协调性，避免仅针对表面装饰形式、色彩和材料的效果做推敲，应该加大室内自然生态设计的力度。在空间的功能分区上可以强调动静分区、干湿分区等以减少空间之间的相互干扰，注重空间布局的实用性。还可以用植物代替家具划分空间，在减少家具造成的呆板和生硬的同时，又能为室内空间净化空气、增添生命力。

3. 节约、循环利用常规能源

室内要尽可能采用自然光照明，这样可以减少电能的消耗。通过诱导式构造技术可以有效地解决自然通风的问题，使空气变得新鲜。对不可再生资源的节约和回收利用，对可再生资源低消耗使用，以及资源的可循环利用，是可持续发展的一种基本手段，也是居住空间生态设计的基本要求之一。现代科技研制出的保温墙体、热反射玻璃、吸热玻璃等新材料具有许多优越的性能。如室内小气候调节、室内智能型光环境的创造，采用吸热材料调节室内热状况等。电子技术、材料技术对采光、通风、温度、湿度等室内环境产生的巨大影响可以进一步提高室内环境质量。

4. 使用绿色环保材料

所谓绿色环保材料，是指以环境和环境资源保护为核心概念而设计生产的无毒、无害、无污染的装饰材料。现在大多数产品还不能完全达到这种要求，因此装修材料首先要考虑选择无毒气散发、无刺激性、无放射性、低二氧化碳排放的材料。随着科技的发展，绿色环保型装修材料正在逐步实现清洁生产和产品生态化，其在生产和使用过程中对人体及周围环境都不产生危害。室内更新出的旧材料比较容易自然降解和转换，并且可以作为再生资源加以利用，生产出新产品。这是所有建筑材料的发展方向，也是室内空间生态设计的重要内容。

8.2.3 室内生态环境设计的理念

1. 追求简约主义的生态设计观

人的审美意识是在社会活动中随着时代的进程而发展的。新装饰材料的诞生、新技术的发展改变着人们的审美取向，引领着设计思潮。把生态意识注入整体设计理念中，使环境设计生态化。探求环境、空间、艺术、生态的相互关系，研究其新的设计思路、方法，是当今室内设计发展方向。这几年简约主义的设计思潮一直在盛行，将人的审美意识从复杂的审美意识带到一个以少胜多、以简代繁的审美取向，淡化环境给人心理带来的负担，使人更能感受到人本身存在的价值。简约的设计风格如图 8.4 所示。

2. 追求品位的设计理念

室内空间设计是根据其使用功能的不同来定位的。追求品位是个性化、主题化的设计，是在创造环境气氛的基础上又表现出一定的主题、一定的意境，给人以物质与文化并重的享受。人创造环境的目的是为人服务的，环境应与人对话。将自然因素引入室内，不仅是为了生态的意义，而且更重要的是要改变"过分"装饰而使设计生硬的现象，强调在遵循生态规律和美的法则前提下创造出人工生态环境。

设计中一般通过引入植物、山石、水体及光、电流等自然因素来实现其目的。植物、水体、山石除了有良好的景观作用外，还具有美学、生态学，降低噪声等方面的作用，并能起到有效地调节室内气候的作用（见图 8.5）。因此，实现生态设计与设计师环境意识建立、人的审美追求有直接关系。

图 8.4　简约的设计风格

图 8.5　室内引入植物、水体的处理

3. 生态意识与建筑经济

生态意识在本质上体现的是一种设计思潮与方法论，它反映出人与物、人与人、人与社会的态度，着眼于人与自然的生态平衡关系，强调人与自然的和谐发展。室内空间环境设计的生态意识，应是室内设计程序中的整体设计，它贯穿整个设计过程，设计定位、材料计划、施工的组织都应以生态为前提。设计师通过室内空间营造传达生态意识，使人们充分体验生态意识的内涵和外延，从而引领社会向生态友好型社会发展，通过环境来改变人的意识，建立生态设计意识。

8.3　室内生态环境设计的发展前景

进入 21 世纪后，世界各国现代化的模式正逐渐地转向新型的生态文明模式，随着可持续发展战略在世界范围内的确立，使得世界正面临着一场从工业文明走向生态文明的环境革命。人们开始对过去两百年来的工业文明进行反思和变革，以谋求在人与自然和谐的基础上，创造一个发展的生态文明新社会，而"生态设计"就是这样一个时代背景下的必然产物。当今室内设计行业，从世界范围的设计趋势来看，有以下三个重点：

1. 以生态设计为主导

以生态设计为主导，就是走可持续发展的设计道路。随着社会的发展，科技的进步，人类在不断地运用高新技术来探索生产和生活环境，以保证一种可持续发展的生存模式。在室内设计中，我们同样要重视考虑和解决自然能源、自然材料的合理利用。始终以生态和可持续发展作为设计的出发点，在空间组织、装修装饰方面、在室内陈设艺术中尽量多地利用自然元素和天然材质，创造自然、质朴的生活和工作环境。并且，要想实现生态化的室内环境，在进行建筑设计的同时也必须考虑到自然采光，通风，隔热保温，太阳能利用等因素。

2. 先进的科学技术

首先，节约常规能源是室内生态环境设计的可持续性发展的重要内容，解决能源问题除了空间的组织与设计外，采光技术、通风技术、保温技术、照明技术等现代科技手段的实施，都需要有先进的科学技术的支持。

其次，现代科学技术介入到室内生活设施上，使人的生活方式发生根本性的改变，这就是智能化带来的最终结果。人们的生活将更加高效、更加舒适、更加安全，从而与大自然的关系更加亲近。其主要体现在智能技术、智能建材的开发和利用上。智能化的初期阶段包括红外线报警系统、管线连接、数据传输、自动控制、对讲设备、人员疏散等，智能化更高级的形式，就是完全的自动化控制技术的运用。所有电器设备经过数据编程后会依据环境的变化而变化，所有与人体接触的家具、设施等也会随人体的动作和尺度而改变。

3. 因地制宜的设计手段

因地制宜就是要在生态化环境的设计中结合具体对象的实际情况进行设计，而不能一味地强调统一模式或盲从照搬。例如，室内环境生态设计应充分结合当地气候及其他地域条件，最大限度的利用自然采光、自然通风、被动式集热和制冷，从而减少因采光、通风、供暖、空调所导致的能耗和污染。

未来的室内生态设计中因地制宜的设计方法会越来越受到重视。因为我国地域辽阔，南北方地区气候等环境条件差异很大，这种差异使得在不同地区所作的生态化设计策略大相径庭。在日照充足的西北地区，太阳能的利用就显得非常高效、非常重要。而对于终日阴云密布或阴雨绵绵的南部地区则效果不明显，甚至可有可无。北方地区的寒冷，要求在取暖和保温材料上优先投入，而南方炎热地区则更多的是要考虑遮阳板的方位和角度，即防止太阳辐射和眩光。此外在室内的装饰材料选择上也应遵循这样的原则和方法，充分利用当地特有的材料和自然生长物作为装饰的手段，这样不失为一种地方特色的流露且能满足环保和节能的要求。

总之，室内生态环境的未来，需要室内设计师的共同探讨和研究，然而如何使生态设计观推广到室内设计中，如何运用生态技术和设计理论来指导室内设计，营造一个生态平衡的环境体系，把人类的室内环境改造成为一个绿色家园，是人们共同的目标。

本 章 小 结

室内生态环境设计是指运用生态学原理和遵循生态平衡及可持续发展的原则来设计、

组织室内空间中的各种物质因素，营造无污染、生态平稳的室内环境的设计，其内容包括使用洁净能源技术、合理的室内空间布局、节约并循环利用常规能源、使用绿色环保材料等。

思 考 题

1. 室内生态环境设计包括哪些方面？
2. 室内生态环境设计核心是什么？
3. 我国的室内生态环境面临哪些问题？
4. 如何创造良好的室内生态环境？

参 考 文 献

[1] 来增祥,陆震纬. 室内设计原理(上、下册)[M]. 北京:中国建筑工业出版社,1996.
[2] 霍维国,霍光. 室内设计教程[M]. 北京:机械工业出版社,2007.
[3] 陈易. 室内设计原理[M]. 北京:中国建筑工业出版社,2006.
[4] 彭一刚. 建筑空间组合论[M]. 北京:中国建筑工业出版社,1998.
[5] 张绮曼,郑曙旸. 室内设计资料集[M]. 北京:中国建筑工业出版社,1991.
[6] 邵龙. 室内空间环境设计原理[M]. 北京:中国建筑工业出版社,2004.
[7] 吕永中,俞培晃. 室内设计原理与实践[M]. 北京:高等教育出版社,2008.
[8] 苗田青,朱敏芳. 室内设计理论及应用[M]. 上海:上海交通大学出版社,2004.
[9] 邹寅,李引. 现代室内设计基本原理[M]. 北京:中国水利水电出版社,2005.
[10] 中国美术学院环境艺术系. 室内设计基础[M]. 杭州:中国美术学院出版社,1990.
[11] 苏丹. 住宅室内设计[M]. 北京:中国建筑工业出版社,2005.
[12] 刘盛璜. 人体工程学与室内设计[M]. 北京:中国建筑工业出版社,2004.
[13] 庄荣,吴叶红. 家具与陈设[M]. 北京:中国建筑工业出版社,1996.
[14] 吴硕贤,夏清. 室内环境与设备[M]. 北京:中国建筑工业出版社,2004.
[15] 屠兰芬. 室内绿化与内庭[M]. 北京:中国建筑工业出版社,1996.
[16] 常怀生. 环境心理学与室内设计[M]. 北京:中国建筑工业出版社,2003.
[17] 朱广宇. 中国传统建筑室内装饰艺术[M]. 北京:机械工业出版社,2010.
[18] 朱小平. 室内设计[M]. 天津:天津人民美术出版社,1990.
[19] 张绮曼. 室内设计的风格样式与流派[M]. 北京:中国建筑工业出版社,2006.
[20] 郑曙旸. 室内设计程序[M]. 北京:中国建筑工业出版社,2005.

北京大学出版社土木建筑系列教材(已出版)

序号	书名	主编	定价	序号	书名	主编	定价
1	*房屋建筑学(第3版)	聂洪达	56.00	53	特殊土地基处理	刘起霞	50.00
2	房屋建筑学	宿晓萍 隋艳娥	43.00	54	地基处理	刘起霞	45.00
3	房屋建筑学(上:民用建筑)(第2版)	钱 坤	40.00	55	*工程地质(第3版)	倪宏革 周建波	40.00
4	房屋建筑学(下:工业建筑)(第2版)	钱 坤	36.00	56	工程地质(第2版)	何培玲 张 婷	26.00
5	土木工程制图(第2版)	张会平	45.00	57	土木工程地质	陈文昭	32.00
6	土木工程制图习题集(第2版)	张会平	28.00	58	*土力学(第2版)	高向阳	45.00
7	土建工程制图(第2版)	张黎骅	38.00	59	土力学(第2版)	肖仁成 俞 晓	25.00
8	土建工程制图习题集(第2版)	张黎骅	34.00	60	土力学	曹卫平	34.00
9	*建筑材料	胡新萍	49.00	61	土力学	杨雪强	40.00
10	土木工程材料	赵志曼	38.00	62	土力学教程(第2版)	孟祥波	34.00
11	土木工程材料(第2版)	王春阳	50.00	63	土力学	贾彩虹	38.00
12	土木工程材料(第2版)	柯国军	45.00	64	土力学(中英双语)	郎煜华	38.00
13	*建筑设备(第3版)	刘源全 张国军	52.00	65	土质学与土力学	刘红军	36.00
14	土木工程测量(第2版)	陈久强 刘文生	40.00	66	土力学试验	孟云梅	32.00
15	土木工程专业英语	霍俊芳 姜丽云	35.00	67	土工试验原理与操作	高向阳	25.00
16	土木工程专业英语	宿晓萍 赵庆明	40.00	68	砌体结构(第2版)	何培玲 尹维新	26.00
17	土木工程基础英语教程	陈 平 王凤池	32.00	69	混凝土结构设计原理(第2版)	邵永健	52.00
18	工程管理专业英语	王竹芳	24.00	70	混凝土结构设计原理习题集	邵永健	32.00
19	建筑工程管理专业英语	杨云会	36.00	71	结构抗震设计(第2版)	祝英杰	37.00
20	*建设工程监理概论(第4版)	巩天真 张泽平	48.00	72	建筑抗震与高层结构设计	周锡武 朴福顺	36.00
21	工程项目管理(第2版)	仲景冰 王红兵	45.00	73	荷载与结构设计方法(第2版)	许成祥 何培玲	30.00
22	工程项目管理	董良峰 张瑞敏	43.00	74	建筑结构优化及应用	朱杰江	30.00
23	工程项目管理	王 华	42.00	75	钢结构设计原理	胡习兵	30.00
24	工程项目管理	邓铁军 杨亚频	48.00	76	钢结构设计	胡习兵 张再华	42.00
25	土木工程项目管理	郑文新	41.00	77	特种结构	孙 克	30.00
26	工程项目投资控制	曲 娜 陈顺良	32.00	78	建筑结构	苏明会 赵 亮	50.00
27	建设项目评估	黄明知 尚华艳	38.00	79	*工程结构	金恩平	49.00
28	建设项目评估(第2版)	王 华	46.00	80	土木工程结构试验	叶成杰	39.00
29	工程经济学(第2版)	冯为民 付晓灵	42.00	81	土木工程试验	王吉民	34.00
30	工程经济学	都沁军	42.00	82	*土木工程系列实验综合教程	周瑞荣	56.00
31	工程经济与项目管理	都沁军	45.00	83	土木工程CAD	王玉岚	42.00
32	工程合同管理	方 俊 胡向真	23.00	84	土木建筑CAD实用教程	王文达	30.00
33	建设工程合同管理	余群舟	36.00	85	建筑结构CAD教程	崔钦淑	36.00
34	*建设法规(第3版)	潘安平 肖 铭	40.00	86	工程设计软件应用	孙香红	39.00
35	建设法规	刘红霞 柳立生	36.00	87	土木工程计算机绘图	袁 果 张渝生	28.00
36	工程招标投标管理(第2版)	刘昌明	30.00	88	有限单元法(第2版)	丁 科 殷水平	30.00
37	建设工程招投标与合同管理实务(第2版)	崔东红	49.00	89	*BIM应用:Revit建筑案例教程	林标锋	58.00
38	工程招投标与合同管理(第2版)	吴 芳 冯 宁	43.00	90	*BIM建模与应用教程	曾浩	39.00
39	土木工程施工	石海均 马 哲	40.00	91	工程事故分析与工程安全(第2版)	谢征勋 罗 章	38.00
40	土木工程施工	邓寿昌 李晓目	42.00	92	建设工程质量检验与评定	杨建明	40.00
41	土木工程施工	陈泽世 凌平平	58.00	93	建筑工程安全管理与技术	高向阳	40.00
42	建筑工程施工	叶 良	55.00	94	大跨桥梁	王解军 周先雁	30.00
43	*土木工程施工与管理	李华锋 徐 芸	65.00	95	桥梁工程(第2版)	周先雁 王解军	37.00
44	高层建筑施工	张厚先 陈德方	32.00	96	交通工程基础	王富	24.00
45	高层与大跨建筑结构施工	王绍君	45.00	97	道路勘测与设计	凌平平 余婵娟	42.00
46	地下工程施工	江学良 杨 慧	54.00	98	道路勘测设计	刘文生	43.00
47	建筑工程施工组织与管理(第2版)	余群舟 宋会莲	31.00	99	建筑节能概论	余晓平	34.00
48	工程施工组织	周国恩	28.00	100	建筑电气	李 云	45.00
49	高层建筑结构设计	张仲先 王海波	23.00	101	空调工程	战乃岩 王建辉	45.00
50	基础工程	王协群 章宝华	32.00	102	*建筑公共安全技术与设计	陈继斌	45.00
51	基础工程	曹 云	43.00	103	水分析化学	宋吉娜	42.00
52	土木工程概论	邓友生	34.00	104	水泵与水泵站	张 伟 周书葵	35.00

序号	书名	主编	定价	序号	书名	主编	定价
105	工程管理概论	郑文新 李献涛	26.00	130	*安装工程计量与计价	冯 钢	58.00
106	理论力学(第2版)	张俊彦 赵荣国	40.00	131	室内装饰工程预算	陈祖建	30.00
107	理论力学	欧阳辉	48.00	132	*工程造价控制与管理(第2版)	胡新萍 王 芳	42.00
108	材料力学	章宝华	36.00	133	建筑学导论	裘 鞠 常 悦	32.00
109	结构力学	何春保	45.00	134	建筑美学	邓友生	36.00
110	结构力学	边亚东	42.00	135	建筑美术教程	陈希平	45.00
111	结构力学实用教程	常伏德	47.00	136	色彩景观基础教程	阮正仪	42.00
112	工程力学(第2版)	罗迎社 喻小明	39.00	137	建筑表现技法	冯 柯	42.00
113	工程力学	杨云芳	42.00	138	建筑概论	钱 坤	28.00
114	工程力学	王明斌 庞永平	37.00	139	建筑构造	宿晓萍 隋艳娥	36.00
115	房地产开发	石海均 王 宏	34.00	140	建筑构造原理与设计(上册)	陈玲玲	34.00
116	房地产开发与管理	刘 薇	38.00	141	建筑构造原理与设计(下册)	梁晓慧 陈玲玲	38.00
117	房地产策划	王直民	42.00	142	城市与区域规划实用模型	郭志恭	45.00
118	房地产估价	沈良峰	45.00	143	城市详细规划原理与设计方法	姜 云	36.00
119	房地产法规	潘安平	36.00	144	中外城市规划与建设史	李合群	58.00
120	房地产测量	魏德宏	28.00	145	中外建筑史	吴 薇	36.00
121	工程财务管理	张学英	38.00	146	外国建筑简史	吴 薇	38.00
122	工程造价管理	周国恩	42.00	147	城市与区域认知实习教程	邹 君	30.00
123	建筑工程施工组织与概预算	钟吉湘	52.00	148	城市生态与城市环境保护	梁彦兰 阎 利	36.00
124	建筑工程造价	郑文新	39.00	149	幼儿园建筑设计	龚兆先	37.00
125	工程造价管理	车春鹂 杜春艳	24.00	150	园林与环境景观设计	董 智 曾 伟	46.00
126	土木工程计量与计价	王翠琴 李春燕	35.00	151	室内设计原理	冯 柯	28.00
127	建筑工程计量与计价	张叶田	50.00	152	景观设计	陈玲玲	49.00
128	市政工程计量与计价	赵志曼 张建平	38.00	153	中国传统建筑构造	李合群	35.00
129	园林工程计量与计价	温日琨 舒美英	45.00	154	中国文物建筑保护及修复工程学	郭志恭	45.00

标*号为高等院校土建类专业"互联网+"创新规划教材。

如您需要更多教学资源如电子课件、电子样章、习题答案等，请登录北京大学出版社第六事业部官网 www.pup6.cn 搜索下载。

如您需要浏览更多专业教材，请扫下面的二维码，关注北京大学出版社第六事业部官方微信（微信号：pup6book），随时查询专业教材、浏览教材目录、内容简介等信息，并可在线申请纸质样书用于教学。

感谢您使用我们的教材，欢迎您随时与我们联系，我们将及时做好全方位的服务。联系方式：010-62750667，donglu2004@163.com，pup_6@163.com，lihu80@163.com，欢迎来电来信。客户服务QQ号：1292552107，欢迎随时咨询。